Finanzierung und Finanzmanagement

Thomas Schuster · Margarita Uskova

Finanzierung und Finanzmanagement

Lehr- und Übungsbuch für das Master-Studium

Thomas Schuster
Duale Hochschule Baden-
Württemberg Mannheim
Mannheim, Deutschland

Margarita Uskova
Barcelona, Spanien

ISBN 978-3-658-18552-7   ISBN 978-3-658-18553-4 (eBook)
https://doi.org/10.1007/978-3-658-18553-4

Die Deutsche Nationalbibliothek verzeichnet diese Publikation in der Deutschen Nationalbibliografie; detaillierte bibliografische Daten sind im Internet über http://dnb.d-nb.de abrufbar.

Springer Gabler
© Springer Fachmedien Wiesbaden GmbH, ein Teil von Springer Nature 2018
Das Werk einschließlich aller seiner Teile ist urheberrechtlich geschützt. Jede Verwertung, die nicht ausdrücklich vom Urheberrechtsgesetz zugelassen ist, bedarf der vorherigen Zustimmung des Verlags. Das gilt insbesondere für Vervielfältigungen, Bearbeitungen, Übersetzungen, Mikroverfilmungen und die Einspeicherung und Verarbeitung in elektronischen Systemen.
Die Wiedergabe von Gebrauchsnamen, Handelsnamen, Warenbezeichnungen usw. in diesem Werk berechtigt auch ohne besondere Kennzeichnung nicht zu der Annahme, dass solche Namen im Sinne der Warenzeichen- und Markenschutz-Gesetzgebung als frei zu betrachten wären und daher von jedermann benutzt werden dürften.
Der Verlag, die Autoren und die Herausgeber gehen davon aus, dass die Angaben und Informationen in diesem Werk zum Zeitpunkt der Veröffentlichung vollständig und korrekt sind. Weder der Verlag noch die Autoren oder die Herausgeber übernehmen, ausdrücklich oder implizit, Gewähr für den Inhalt des Werkes, etwaige Fehler oder Äußerungen. Der Verlag bleibt im Hinblick auf geografische Zuordnungen und Gebietsbezeichnungen in veröffentlichten Karten und Institutionsadressen neutral.

Gedruckt auf säurefreiem und chlorfrei gebleichtem Papier

Springer Gabler ist ein Imprint der eingetragenen Gesellschaft Springer Fachmedien Wiesbaden GmbH und ist ein Teil von Springer Nature
Die Anschrift der Gesellschaft ist: Abraham-Lincoln-Str. 46, 65189 Wiesbaden, Germany

Man muss nur wollen und daran glauben, dann wird es gelingen.
    Ferdinand Graf von Zeppelin (1838–1917)

Vorwort

Das vorliegende Lehrbuch beinhaltet die Themen, die typischerweise in einer Vorlesung in einem wirtschaftswissenschaftlichen Master-Studiengang an Universitäten, Fachhochschulen oder Dualen Hochschulen behandelt werden. Das Buch eignet sich natürlich auch für Praktiker in Unternehmen und Behörden, die täglich mit Finanzierungsfragen und alternativen Finanzierungsformen zu tun haben.

Das Buch weist zahlreiche Vorzüge auf. Es deckt alle wichtigen Themen im Bereich Finanzierung, Finanzderivate und alternative Finanzierungsformen ab. Es ist eingängig geschrieben und leicht verständlich. Das Buch enthält eine Fülle von Praxisbeispielen. Zentrale Aussagen des Textes werden in Merke!-Boxen hervorgehoben. Für jedes Kapitel gibt es viele Lernkontrollfragen, mit denen der Leser sofort überprüfen kann, ob er das Gelesene verstanden hat. Am Ende jedes Kapitels findet der Leser Grundlagenliteratur und weiterführende Literaturangaben, um den Stoff bei Interesse zu vertiefen. Schließlich ist am Ende des Buchs ein ausführliches Stichwortverzeichnis zu finden, das die Suche nach spezifischen Themen erleichtert.

Im Internet sind zu dem Buch weitere Materialien unter folgender Internetadresse veröffentlicht:

www.springer.com/de/book/978-3-658-18552-7

Smartphonebesitzer können auch den QR-Code einscannen, der am Ende des Vorworts abgedruckt ist, um die Homepage des Lehrbuchs aufzurufen.

Leser können auf der Internetseite des Buchs ausführliche Lösungen zu den Lernkontrollaufgaben und Übungsaufgaben herunterladen. Diese Aufgaben dienen der weiteren Vertiefung des Gelernten und gegebenenfalls der Klausurvorbereitung. Dozenten finden dort für jedes Kapitel ausführliche Powerpoint-Folien sowie Musterklausuren mit Lösungen. Voraussetzung zum Herunterladen der Vorlesungsunterlagen ist, dass der Dozent sich auf der Internetseite von Springer bei DozentenPLUS anmeldet.

Am Entstehungsprozess dieses Buches haben viele Personen bewusst oder unbewusst mitgewirkt. Es ist für uns eine Selbstverständlichkeit, diesen unseren Dank auszusprechen. Grundlage des Buchs sind die Vorlesungen „Financial Management" und „Intermediate Financial Management", die einer der Autoren im Bachelor-Studiengang

„International Business" der Internationalen Hochschule Bad Honnef · Bonn mehrmals gehalten hat. Deswegen geht der erste Dank an die Studierenden dieser Vorlesungen, die durch aufmerksames Zuhören und kritisches Nachfragen zur pädagogischen und didaktischen Qualität dieses Buches beigetragen haben. Ein weiterer Dank geht an zahlreiche anonyme Autoren im Internet, die uns zahlreiche Anregungen zu Beispielen und Übungsaufgaben gegeben haben. Schließlich bedanken wir uns bei Guido Notthoff vom Verlag Springer Gabler, der professionell und kompetent die Entstehung dieses Buches begleitet hat.

Zum Schluss wollen wir es nicht versäumen, unseren Lesern viel Spaß bei der Entdeckungsreise durch das Finanzierungsland zu wünschen. Wir versprechen Ihnen, dass es viele spannende Dinge zu entdecken gibt. Schauen Sie sich alles an und verweilen Sie dort etwas länger, wo es Ihnen am besten gefällt.

Mannheim und Barcelona   Thomas Schuster
März 2018   Margarita Uskova

Inhaltsverzeichnis

1	**Grundlagen des Finanzmanagements**	1
1.1	Ziele und Funktionen	2
1.2	Eigenkapital versus Fremdkapital	7
1.3	Externe versus interne Finanzierungsquellen	11
1.4	Finanzierung und Wachstum	15
1.5	Lernkontrolle	22
	Literatur	24
2	**Beteiligungsfinanzierung**	25
2.1	Merkmale emissionsfähiger Unternehmen	26
2.2	Beteiligungsfinanzierung emissionsfähiger Unternehmen	28
	2.2.1 Aktiengesellschaft	28
	2.2.2 Aktienarten	29
	2.2.3 Rechte des Aktionärs	32
	2.2.4 Aktienemission	33
	2.2.4.1 Festpreisverfahren	34
	2.2.4.2 Bookbuilding-Verfahren	34
	2.2.4.3 Auktionsverfahren (Tenderverfahren)	35
	2.2.5 Kapitalerhöhung bei Aktiengesellschaften	36
	2.2.5.1 Effektive Kapitalerhöhung	36
	2.2.5.2 Nominelle Kapitalerhöhung	36
	2.2.6 Aktienbewertung	37
	2.2.7 Aktienanalyse	37
2.3	Börsenplätze und -segmente	44
2.4	Merkmale nicht emissionsfähiger Unternehmen	47
2.5	Venture-Capital	50
2.6	Buy-outs	53
2.7	Lernkontrolle	57
	Literatur	59

3 Fremdfinanzierung ... 61
- 3.1 Emission eines festverzinslichen Wertpapiers ... 62
- 3.2 Arten von festverzinslichen Wertpapieren ... 69
- 3.3 Rating ... 73
- 3.4 Private vs. öffentliche Platzierung ... 75
- 3.5 Lernkontrolle ... 77
- Literatur ... 78

4 Innenfinanzierung ... 79
- 4.1 Selbstfinanzierung ... 81
- 4.2 Finanzierung aus Abschreibungen ... 84
- 4.3 Finanzierung aus Rückstellungen ... 88
- 4.4 Finanzierung aus Veräußerung von Vermögen ... 90
- 4.5 Lernkontrolle ... 92
- Literatur ... 94

5 Alternative Finanzierungsinstrumente ... 95
- 5.1 Asset Backed Securities ... 96
- 5.2 Factoring ... 100
- 5.3 Leasing ... 105
- 5.4 Projektfinanzierung ... 110
  - 5.4.1 Beteiligte der Projektfinanzierung ... 111
  - 5.4.2 Projektbewertung ... 112
  - 5.4.3 Ausprägungen der Projektfinanzierung ... 113
  - 5.4.4 Risiken der Projektfinanzierung ... 114
- 5.5 Mezzaninkapital ... 115
  - 5.5.1 Formen des Mezzaninkapitals ... 116
- 5.6 Lernkontrolle ... 120
- Literatur ... 122

6 Optimierung des Finanzmanagements ... 123
- 6.1 Forward Rate Agreements ... 124
  - 6.1.1 Ablauf eines FRA-Geschäfts ... 125
  - 6.1.2 Glattstellung eines FRA-Vertrags ... 129
- 6.2 Futures ... 130
- 6.3 Swaps ... 136
  - 6.3.1 Zins-Swap ... 136
  - 6.3.2 Zins-Swap-Arten ... 139
- 6.4 Optionen ... 142
- 6.5 Lernkontrolle ... 156
- Literatur ... 158

Stichwortverzeichnis ... 159

Grundlagen des Finanzmanagements

Lernziele

Nach der Bearbeitung dieses Kapitels werden Sie wissen, …
… welche Ziele und Funktionen das Finanzmanagement hat.
… wie sich Eigenkapital und Fremdkapital unterscheiden lassen.
… welche Möglichkeiten Innen- und Außenfinanzierung einem Unternehmen bieten.
… wie Finanzmanagement und Wachstum zusammenhängen.

Aus der Praxis

Das Finanzmanagement ist ein wichtiger Teil der Unternehmensführung und spielt bei der Unternehmensentwicklung eine zentrale Rolle. Nahezu jede Unternehmensentscheidung hat finanzielle Auswirkungen. Zur Verdeutlichung sollen die folgenden Beispiele dienen:

- Die PrintPoint GmbH möchte ihr Geschäft erweitern und beabsichtigt eine Investition in neue Druckmaschinen. Um diese Investition zu finanzieren, planen die Gesellschafter eine Erhöhung ihrer Einlagen, indem sie aus ihrem Privatkapital zusätzliches Eigenkapital zur Verfügung stellen.
- Der Möbelhändler Artur Müller nimmt bei seiner Hausbank einen Kredit auf, um Waren von seinem Großhändler zu beziehen. Der Kredit soll durch die erzielten Erlöse getilgt werden.
- Durch die gute wirtschaftliche Marktsituation ist es der Mobile AG gelungen, finanzielle Überschüsse in Höhe von 12 Mio. € zu erzielen. Die Aktiengesellschaft möchte die Überschüsse nutzen, um die in zwei Monaten geplante Expansion durchzuführen.

Diese Beispiele demonstrieren die Vielzahl von finanzwirtschaftlich relevanten Entscheidungen, die für die Unternehmensentwicklung von großer Bedeutung sind. Im Rahmen dieses Kapitels werden wir einige aus Praxissicht relevante Ziele und Funktionen des Finanzmanagements näher betrachten sowie auf die vielfältigen Investitions- und Finanzierungsformen eingehen.

1.1 Ziele und Funktionen

Die Unternehmensziele bilden den Ausgangspunkt für jede unternehmerische Tätigkeit. Das oberste und allgemeine Ziel eines Unternehmens ist die Schaffung von Wert für seine Eigentümer. Jede Tätigkeit, die das Unternehmen durchführt, sollte Wert schaffen. Betrachtet man mögliche Ziele des Finanzmanagements, so lassen sich eine ganze Reihe finanzwirtschaftlicher Ziele ableiten, welche als Basis für Finanzentscheidungen dienen. Typische Ziele bilden dabei die Steigerung des Umsatzes, die Maximierung des Gewinns oder des Marktanteils, Vermeidung der Insolvenz, Kostensenkungen, etc. Wichtig ist als Voraussetzung, dass das Unternehmen fortbesteht. Darüber hinaus liegt die Hauptaufgabe des Finanzmanagements darin, den Unternehmenswert nachhaltig zu steigern. Das heißt, das Finanzmanagement muss aus der operativen Sicht jederzeit die Zahlungsfähigkeit des Unternehmens gewährleisten. Aus der strategischen Sicht gilt es, den Unternehmenswert zu steigern. Um diese übergeordneten Ziele zu erreichen, muss jede finanzwirtschaftliche Entscheidung die individuellen Zielsetzungen bei Investitions- und Finanzierungsprozessen mit berücksichtigen.

Vor dem Hintergrund des Ziels der Wertschaffung für die Eigentümer sehen sich die Unternehmen immer häufiger mit der Erwartung konfrontiert, dabei die Interessen anderer das Unternehmen betreffender Anspruchsgruppen zu berücksichtigen. Mit zunehmender Intensität werden hierzu zwei Unternehmensziele diskutiert, welche sich hauptsächlich darin unterscheiden, wessen Interessen und Ziele primär in den Vordergrund gestellt werden: der Shareholder-Value-Ansatz und der Stakeholder-Value-Ansatz.

Shareholder-Value-Ansatz
Der **Shareholder-Value-Ansatz** (zu deutsch: Aktionärswert) bezieht sich auf Unternehmensstrategien, die vorrangig den Marktwert des Eigenkapitals erhöhen und dem Anspruch der Anteilseigner auf eine möglichst hohe Rendite gerecht werden sollen. Im Fall der börsennotierten Aktiengesellschaften entspricht der Marktwert des Eigenkapitals dem Wert aller Aktien. Vor allem in der englischsprachigen Finanzmanagement-Literatur, die primär auf die Publikumsgesellschaften ausgerichtet ist, wird das Ziel der Maximierung des Vermögens der Eigentümer als das wichtigste betrachtet. Shareholder-Value-orientierte Unternehmen richten sich auf den Aktionär (oder Eigentümer bei nichtbörsennotierten Unternehmen) als alleinige Anspruchsgruppe aus. Dabei begründet sich der Ansatz aus der Tatsache, dass die Anteileigner das Risiko des Residualeinkommens (Restbetragsansprüche) tragen und somit entlohnt werden müssen. Dieser Ansatz

1.1 Ziele und Funktionen

wird häufig kritisiert, da er Anreize für kurzfristige Gewinnerzielung bietet, was auf Kosten der langfristigen Unternehmensentwicklung gehen kann.

> **Merke!** Der **Shareholder-Value-Ansatz** fokussiert auf den Anteilseigner als alleinige Anspruchsgruppe.

Stakeholder-Value-Ansatz
Neben Anteilseignern bewegen sich im Umfeld eines Unternehmens weitere relevante Interessensgruppen (Stakeholder), deren Zielvorstellungen gemäß den Verfechtern des **Stakeholder-Value-Ansatzes** berücksichtigt werden müssen. Die Anspruchsgruppen oder Stakeholder umfassen dabei alle Gruppen, die direkt oder indirekt vom unternehmerischen Handeln betroffen sind und Einfluss auf die Geschäftstätigkeit haben, indem sie Ressourcen bereitstellen, die für die nachhaltige Existenz des Unternehmens wichtig sind. Wichtige Stakeholder sind neben den Eigentümern Arbeitnehmer, Fremdkapitalgeber, Lieferanten, Kunden, Staat oder die Bevölkerung. Die Anteilseigner werden hier im Gegensatz zum Shareholder-Value-Ansatz in die Gesamtbetrachtung mit einbezogen, wobei die Dominanz dieser Gruppe vermieden wird. Der zentrale Gedanke des Stakeholder-Value-Ansatzes ist es, die Bedürfnisse und Ziele dieser Gruppen zu koordinieren und zu berücksichtigen. Häufig agieren mittelständische Unternehmen nach dem Stakeholder-Value-Ansatz, indem sie beispielsweise soziale Verantwortung übernehmen oder strategisches Nachhaltigkeitsmanagement betreiben. In großen Konzernen sowie bei börsennotierten Aktiengesellschaften findet man dagegen häufiger den Shareholder-Value-Ansatz. Der Stakeholder-Value-Ansatz ist jedoch auch hier auf dem Vormarsch.

Obwohl beide Ansätze relativ gegensätzlich erscheinen, kommt es in der Praxis häufig zu einer Vermischung. Die Nichtbeachtung aller Stakeholder-Gruppen ist bei der Verfolgung reiner Anteilseignerinteressen kaum realisierbar. So wird die Unternehmensentwicklung ohne zufriedene Kunden und Mitarbeiter kaum möglich sein. Andererseits profitieren die Stakeholder von der überdurchschnittlichen Rendite eines Unternehmens. Das wirtschaftliche erfolgreiche Handeln des Unternehmens stellt also eine wichtige Bedingung für die Befriedigung aller Interessen, auch der Anteilseigner, dar.

Zusätzlich zu den übergeordneten Unternehmenszielen des Shareholder- oder Stakeholder-Ansatzes werden dem Finanzmanagement vier nachrangige finanzwirtschaftliche Ziele zugeordnet: Rentabilität, Liquidität, Sicherheit und Unabhängigkeit. Die drei Ziele Rentabilität, Liquidität und der Sicherheit stehen in einem Spannungsfeld und es gilt, diese für jede finanzwirtschaftliche Entscheidung individuell zu gewichten (Abb. 1.1).

Rentabilität
Die **Rentabilität** drückt aus, wie erfolgreich ein Unternehmen sein Kapital einsetzt, das heißt, wie viel Gewinn es mit dem Kapitaleinsatz erwirtschaftet. Die Rentabilität lässt sich als Prozentsatz bestehend aus einer Ergebnis- und einer Bezugsgröße darstellen.

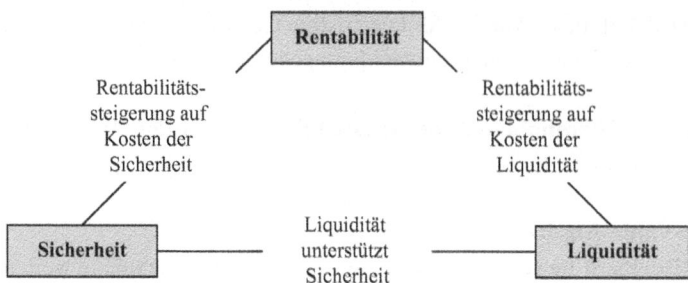

Abb. 1.1 Zielkonflikt zwischen Rentabilität, Liquidität und Sicherheit (Quelle: eigene Darstellung)

Als Ergebnisgrößen werden häufig Gewinn, Cashflow oder Zinsen herangezogen. Als Bezugsgrößen dienen Eigenkapital, Fremdkapital, Gesamtkapital, Projektkapital oder Umsatz (beim Kapital werden Jahresdurchschnittswerte genommen). Die Ermittlung der Rentabilitätskennzahlen ist nicht nur für das gesamte Unternehmen möglich. Die Rentabilität kann auch für Teilbereiche des Unternehmens, Projekte oder einzelne Maßnahmen bestimmt werden. Der Berechnungszeitraum kann eine bestimmte Periode, beispielsweise ein Geschäftsjahr oder aber die Gesamtdauer eines Projekts umfassen.

Wichtige Rentabilitätskennzahlen sind:

- Eigenkapitalrentabilität = Gewinn/Eigenkapital
- Gesamtkapitalrentabilität (= Return on Investment) = Gewinn/Gesamtkapital
- Umsatzrentabilität = Gewinn/Umsatz
- Cashflow-Rentabilität = Cashflow/Umsatz
- Projektrentabilität = Projektgewinn/Kapitaleinsatz

Beispiel

Die Hausbau AG erwirtschaftete für das Jahr 2017 den gleichen Gewinn wie die Drive AG, nämlich 125.000 €. Vergleicht man beide Unternehmen, so würde man annehmen, beide wären gleich erfolgreich. Wenn man jedoch in Relation zum Gewinn den Einsatz jedes Unternehmens betrachtet, kommt man schnell zum anderen Ergebnis. Wenn das Eigenkapital der Hausbau AG 3.000.000 € beträgt, das Eigenkapital der Drive AG dagegen 500.000 €, so ergibt sich die folgende Eigenkapitalrentabilität:

Eigenkapitalrentabilität Hausbau AG: 125.000 €/3.000.000 € · 100 = 4,17 %
Eigenkapitalrentabilität Drive AG: 125.000 €/500.000 € · 100 = 25 %

Das Beispiel macht deutlich, dass der Gewinn als alleinige Größe wenig Aussagekraft hat. Erst in Relation zur Bezugsgröße, das heißt als Rentabilitätskennzahl, kann der wirtschaftliche Erfolg beurteilt werden.

1.1 Ziele und Funktionen

Liquidität
Liquidität ist die Fähigkeit eines Unternehmens, fälligen Zahlungsverpflichtungen pünktlich und in voller Höhe nachkommen zu können. Die Zahlungsfähigkeit muss jederzeit gewährt bleiben. Damit ist **Liquidität** eine unabdingbare Voraussetzung für den Fortbestand eines jeden Unternehmens. Denn wenn das Unternehmen nicht liquide ist, muss es nach deutschem Recht Insolvenz anmelden.

Das finanzwirtschaftliche Ziel der Liquidität steht oft im Spannungsverhältnis zur Rentabilität. Während eine hohe Rentabilität ein höheres Risiko mit sich trägt und somit weniger Sicherheit bietet, verfolgt ein Unternehmen mit der Liquidität das Ziel eine Sicherheit für die Zahlungsfähigkeit zu erhalten. Obwohl die Eigentümer ein starkes Interesse an einem rentablen Unternehmen haben, sind sie wie auch die Gläubiger daran interessiert, dass das Unternehmen ausreichend liquide und somit in der Existenz gesichert ist. Eine hohe Rentabilität kann erzielt werden, wenn die finanziellen Mittel langfristig angelegt werden. Damit wird ein entsprechend hoher Zins erwirtschaftet. Ein Unternehmen ist liquide, wenn die Mittel kurzfristig angelegt werden, etwa auf einem Girokonto. Hierbei ist der Zins jedoch sehr niedrig. Es besteht also ein Zielkonflikt. Für das Finanzmanagement besteht somit die Aufgabe, ein Gleichgewicht zwischen den Zielen der Rentabilität und der Liquidität zu schaffen.

Sicherheit
Finanzwirtschaftliche Ziele und Maßnahmen basieren zum großen Teil auf zukünftigen Einschätzungen der Entwicklung des Unternehmens und des Umfelds. Jede Entscheidung ist somit einem gewissen Risiko ausgesetzt. Dies betrifft sowohl Finanzierungs- als auch Investitionsmaßnahmen. Das Vermeiden von Risiken und Ungewissheiten steht in einem Spannungsverhältnis zu dem Ziel der Rentabilität und somit der Erwirtschaftung von Erträgen. Wenn das Kapital relativ sicher angelegt wird, beispielsweise in Bundesanleihen, sind der erzielte Zins und damit die Rentabilität niedrig. Wird das Geld hingegen in ein risikoreiches Projekt, zum Beispiel in die Herstellung eines neuen Produkts, investiert, ist die erwartete Rentabilität zwar höher, aber das Projekt kann auch ein Misserfolg sein.

Unabhängigkeit
Die Unabhängigkeit beschreibt den Grad der Einschränkung der Dispositionsfähigkeit eines Unternehmens und umschließt damit die unternehmerische Flexibilitäts- und Entscheidungsfreiheit. Die Abhängigkeit kann verschiedene Formen annehmen, zum Beispiel Eigentümer gegenüber Banken oder Manager gegenüber Kapitalgebern. Die Unabhängigkeit eines Unternehmens nimmt ab, wenn Mitspracherechte eingeräumt werden müssen. Dies geschieht beispielsweise bei Beschaffung des Eigenkapitals, wenn dabei weitere Eigentümer in das Unternehmen mit aufgenommen werden und diese somit unternehmerische Entscheidung beeinflussen. Die Unabhängigkeit wird auch bei Aufnahme des Fremdkapitals (zum Beispiel bei Krediten) eingeschränkt. Das Unternehmen muss Vermögensgegenstände als Sicherheit stellen und kann dann nicht mehr uneingeschränkt über diese Vermögensgegenstände verfügen.

Für das Finanzmanagement besteht die Aufgabe, für einen Ausgleich zwischen Rentabilität, Liquidität und Sicherheit zu sorgen und dabei die höchstmögliche Unabhängigkeit zu bewahren. Das optimale Gleichgewicht dieser Ziele unterstützt das Finanzmanagement darin, den Unternehmenswert nachhaltig zu steigern.

Funktionen des Finanzmanagements

Das Entscheidungsspektrum des Finanzmanagements reicht von Fremdkapitalaufnahme bis hin zu Übernahmen von anderen Unternehmen. Generell kann das Finanzmanagement in zwei Teilbereiche unterteilt werden: Investition, das heißt das Management des Anlage- und Umlaufvermögens, sowie Finanzierung, welche die Bereitstellung von finanziellen Mitteln im Unternehmen zur Erfüllung des Unternehmenszwecks umfasst. Diese zwei Teilbereiche müssen nicht nur geplant, sondern auch unter der Berücksichtigung übergeordneter Unternehmensziele gestaltet werden. Basierend auf diesen Aufgaben beschäftigt sich das Finanzmanagement mit den folgenden Fragen:

- Welche Investition sollte das Unternehmen verwirklichen?
- Wie finanziert sich das Unternehmen, das heißt, welche Kapitalstruktur ist zur Erreichung der Unternehmensziele geeignet? Wie ist die Aufteilung zwischen Eigen- und Fremdkapital?
- Wie wird die Liquidität bzw. der kurzfristige Cashflow gemanagt, um jederzeit den Zahlungsverpflichtungen des Unternehmens nachkommen zu können?
- Wie sieht die optimale Rendite-Risiko-Kombination für das Unternehmen aus vor dem Hintergrund der Investitions- und Finanzierungsaufgaben?

Das Finanzmanagement hat die Aufgabe, diese Entscheidungen so zu treffen, sodass der Unternehmenswert nachhaltig gesteigert wird.

Fragen zur Lernkontrolle
1. Der Stakeholder-Value-Ansatz fokussiert sich auf die folgenden Anspruchsgruppen eines Unternehmens:
   ☐ Lieferanten
   ☐ Kunden
   ☐ Krankenhäuser
   ☐ Anteilseigner
   ☐ Gerichte
   ☐ Mitarbeiter
2. Beschreiben Sie die Zielgröße Liquidität und erläutern Sie, wie sich Liquidität zur Zielgröße Rentabilität verhält.

3. Geben sie an, ob die folgende Aussage richtig oder falsch ist:
   „*Die Unabhängigkeit beschreibt den Grad der Einschränkung der Dispositionsfähigkeit eines Unternehmens und umschließt damit die unternehmerische Flexibilitäts- und Entscheidungsfreiheit.*"
   ☐ Richtig
   ☐ Falsch
4. Die Feger AG erwirtschaftet für das zurückliegende Geschäftsjahr einen Gewinn in Höhe von 150.000 €. Das Eigenkapital beträgt 1 Mio. €. Wie hoch ist die Eigenkapitalrentabilität?
   ☐ 6 %
   ☐ 10 %
   ☐ 12 %
   ☐ 15 %

1.2 Eigenkapital versus Fremdkapital

Ein Unternehmen kann grundsätzlich zwischen zwei verschiedenen Finanzierungsmöglichkeiten wählen. Es kann sich durch das Eigenkapital und das Fremdkapital finanzieren. Abb. 1.2 unterscheidet diese beiden Finanzierungsformen aus Sicht der Rechtsstellung der Kapitalgeber.

Fremdkapital
Fremdkapital sind Verbindlichkeiten, die dem Unternehmen von Dritten zur Verfügung gestellt und die nach einer bestimmten Zeit zurückgezahlt werden müssen. Dabei werden kurz-, mittel- und langfristige Verbindlichkeiten unterschieden. Bezüglich der zeitlichen Klassifizierung gibt es abweichende Definitionen, da hierfür keine gesetzlichen Regelungen vorliegen. Für die folgenden Angaben beziehen wir uns auf das HGB. So umfassen kurzfristige Verbindlichkeiten alle Zahlungsverpflichtungen eines Unternehmens, welche innerhalb eines Jahres nach dem Bilanzstichtag beglichen werden

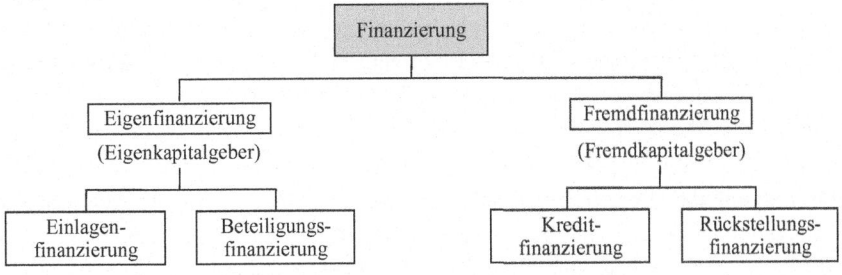

Abb. 1.2 Übersicht der Finanzierungsformen nach Rechtsstellung des Kapitalgebers (Quelle: eigene Darstellung)

müssen. Diese beinhalten beispielsweise Verbindlichkeiten aus Lieferungen oder kurzfristige Bankschulden (Kontokorrent). Als mittelfristige Verbindlichkeiten werden meist Verbindlichkeiten mit einer Laufzeit zwischen ein und fünf Jahren bezeichnet. Langfristige Verbindlichkeiten umfassen Verpflichtungen mit einer Mindestlaufzeit von üblicherweise fünf Jahren und dienen meist der Finanzierung von Anlagevermögen. Dazu zählen Anleihen, Hypotheken oder langfristige Bankkredite.

Im Vergleich zum Eigenkapital hat das Fremdkapital andere Rechten und Pflichten. Mit dem Fremdkapital sind Gläubigerrechte verbunden, die an eine Forderung geknüpft sind. Grundlage des Kreditgeschäfts bildet ein schuldrechtlicher Vertrag, der Kreditvertrag. Durch Fremdkapitalvergabe erwirbt der Fremdkapitalgeber (Gläubiger) keine Eigentumsrechte am Unternehmen. Das heißt, er hat keine Kontroll-, Mitsprache- oder Entscheidungsbefugnisse. Die Gläubiger werden ebenfalls nicht am Erfolg des Unternehmens beteiligt. Seine Rechte beschränken sich auch die Rückzahlung des zur Verfügung gestellten Kapitals in Höhe des Nominalbetrags (Tilgung) und die periodischen Zinszahlungen. Die Zinszahlung ist dabei das Entgelt, das für die Kapitalbereitstellung entrichtet wird. Diese Forderungen müssen auch dann befriedigt werden, wenn das Unternehmen keinen Gewinn vorweist, nicht ausreichend liquide ist oder sogar Verluste macht.

▷ **Merke! Fremdkapital** kann in kurz-, mittel- und langfristige Verbindlichkeiten unterschieden werden.

Der Gläubiger trägt auch ein Bonitätsrisiko. Zwar werden Gläubiger im Insolvenzfall gegenüber den Eigenkapitalgebern bevorzugt behandelt, eine Zahlungsunfähigkeit bedeutet jedoch oft auch, dass das Unternehmen auch die Forderungen der Gläubiger nicht befriedigen kann. Aus diesem Grund sind Kredite oft abgesichert. Meist werden dem Kredit bestimmte Vermögensgegenstände (Lagerbestand, Grundstücke) als Sicherheiten zugrunde gelegt. Für den Fall einer Insolvenz haben Kreditgeber also vorrangige Rechte an diesen Vermögensteilen und darüber hinaus am gesamten Vermögen des Unternehmens.

Bei einer Insolvenz gilt eine bestimmte Reihenfolge für die Befriedigung der finanziellen Ansprüche Dritter. In erster Linie werden der Insolvenzverwalter, die Arbeitnehmerrechte und die pfandgesicherten Kreditgeber bedient. Danach werden die Gläubiger ausbezahlt, die Kredite ohne Sicherheiten (Blankokredite) gewährt haben. Hier entscheidet der Rang der Verbindlichkeit, welche Schulden zuerst zurückgezahlt werden. Die Verbindlichkeiten können nämlich nach Rang geordnet werden, wobei das Rangverhältnis unter den Gläubigern festlegt, in welcher Reihenfolge das Unternehmen die Tilgung vornimmt. So werden Verbindlichkeiten mit einer hohen Seniorität vor den nachrangigen Verbindlichkeiten getilgt. Nach der Abwicklung des Insolvenzverfahrens und somit nach der Befriedigung der finanziellen Ansprüche Dritter wird das Vermögen, das verblieben ist, den Eigentümern zugeschrieben. In der Praxis ist es jedoch selten der Fall, dass alle Ansprüche befriedigt werden und die Eigentümer noch Eigenkapital besitzen.

Die Zinszahlungen, die ein Unternehmen auf das Fremdkapital leistet, werden als Kosten, die den Gewinn mindern, betrachtet und sind steuerabzugsfähig. Sie mindern

1.2 Eigenkapital versus Fremdkapital

somit die effektiven Kosten der Fremdfinanzierung, das heißt, der Zinsaufwand für die Fremdkapitalaufnahme wird durch diesen fremdfinanzierungsbedingten Steuervorteil teilweise ausgeglichen. Diese Auswirkung der Fremdkapitalfinanzierung auf die Steuern des Unternehmens wird als **Tax Shield** bezeichnet.

> **Merke!** Der **Tax Shield** bezeichnet den Wertbeitrag fremdfinanzierungsbedingter Steuervorteile.

In der Regel wird das Fremdkapital über Banken durch Kreditvergabe beschafft. Diese Form der Finanzierung ist besonders bei kleineren Personengesellschaften und GmbHs üblich. Bankkredite können in kurzfristige und langfristige Kredite unterschieden werden. Kurzfristige Kredite haben eine Laufzeit unter einem Jahr und sichern oft die Liquidität des laufenden Geschäfts ab. Langfristige Kredite werden im Regelfall zur Finanzierung von Teilen des Anlagevermögens verwendet. Die Beschaffung von Fremdkapital bei großen Unternehmen, zum Beispiel bei Aktiengesellschaften, verläuft sehr ähnlich. Jedoch verfügen solche Unternehmen über zusätzliche Finanzierungsinstrumente wie Schuldverschreibungen, Anleihen und Obligationen. Diese verzinslichen Wertpapiere werden international auch als Bonds bezeichnet.

Eigenkapital
Im Gegensatz zum Fremdkapital erhält der Eigenkapitalgeber eine Beteiligung am Unternehmen und hat Mitwirkungs-, Stimm- und Kontrollbefugnisse. Das Eigenkapital wird meistens unbefristet zur Verfügung gestellt. Der Eigenkapitalgeber wird im Gegenzug am Erfolg des Unternehmens beteiligt, es besteht jedoch kein Anspruch auf Verzinsung. Beim **Eigenkapital** handelt es sich um das haftende Kapital, denn es haftet im Insolvenzfall.

Der Status des Eigenkapitals hängt von der Rechtsform des Unternehmens ab und hat folgende Formen:

- Beteiligungskapital bei Einzelunternehmen und Personengesellschaften
- Stammkapital bei der GmbH
- Grundkapital bei der Aktiengesellschaft
- Geschäftsguthaben bei Genossenschaften

Je nach Rechtsform können des Weiteren zwei Formen des bilanziellen Eigenkapitals unterschieden werden: Das variable bzw. veränderliche Eigenkapital und das feste bzw. konstante Eigenkapital. Bei Einzelunternehmen und Personengesellschaften wird die Eigenkapitalposition in der Bilanz als variables Eigenkapital bezeichnet. Durch die Einlagen und Entnahmen durch die Gesellschafter, Verluste oder einbehaltene Gewinne während eines Geschäftsjahres unterliegt das Eigenkapital gewissen Schwankungen. Das feste Eigenkapital ist ein Bestandteil aller Unternehmensformen mit Haftungsbeschränkung, wie zum Beispiel GmbH oder AG. Bei diesen Rechtsformen bezeichnet man das feste Eigenkapital im Allgemeinen als gezeichnetes Kapital. Veränderungen des festen Eigenkapitals können durch beschlossene Kapitalerhöhungen und Kapitalherabsetzungen entstehen. Neben dem konstanten Eigenkapital haben diese Rechtsformen auch variable Eigenkapitalkomponenten, zum Beispiel Rücklagen.

Eigenkapitalinhaber haben das Recht, an der jährlichen Hauptversammlung eines Unternehmens teilzunehmen und dort wichtige Beschlüsse mit zu entscheiden. Außerdem besteht das Recht auf Gewinnbeteiligung. Das Geld, das den Eigenkapitalinhabern zusteht, ist der Jahresüberschuss eines Geschäftsjahres. In welcher Form der Jahresüberschuss den Eigenkapitalinhabern zur Verfügung gestellt wird, kann das Unternehmen nach den Regeln entscheiden, die das Verhältnis von Eignern und Unternehmensführung im Gesetz (Aktiengesellschaften) oder im Gesellschaftsvertrag (GmbH und KG) festlegen. In Aktiengesellschaften erfolgt die Gewinnbeteiligung in Form von Dividenden. Die Entscheidung, ob und wie viele Dividenden gezahlt werden, ist eine Entscheidung des entsprechenden Unternehmens und variiert gewöhnlich in jedem Geschäftsjahr. In Europa ist es üblich, die Dividende nur einmal jährlich auszuschütten. In den USA kommt es auch halbjährlich oder quartalsweise zu Dividendenauszahlungen. Die Auszahlung von Dividenden ist nicht verpflichtend. Macht das Unternehmen Verlust oder benötigt es dringend die liquiden Mittel, um zu investieren, kann es auch darauf verzichten, eine Dividende auszuzahlen.

Ein geläufiges Eigenkapitalinstrument ist die Aktie, welche ein Anteils- oder Teilhaberpapier ist und dem Inhaber ein Eigentümerrecht an einer Aktiengesellschaft verbrieft. Es existieren viele unterschiedliche Formen der Aktien. Die geläufigen Aktienarten sind Stamm- und Vorzugsaktien. Diese und weitere Aktienarten sowie die damit verbundenen Rechte der Aktionäre werden in Kap. 2 näher erläutert.

Übersicht Fremdkapital und Eigenkapital
In diesem Kapitel haben wir gelernt, wie sich das Fremd- von Eigenkapital unterscheidet. In Tab. 1.1 sind die wichtigsten Merkmale der beiden Kapitalarten noch einmal gegenübergestellt.

Tab. 1.1 Gegenüberstellung Eigenkapital und Fremdkapital (Quelle: eigene Darstellung)

Eigenkapital	Fremdkapital
Eigentümer erhalten jährlich schwankende Gewinne	Fremdkapitalgeber erhalten jährlich konstante Zinszahlungen
Kein Anspruch auf Rückzahlung des Eigenkapitals	Anspruch auf Zahlung der Verbindlichkeit bei Fälligkeit
Eigentümer leiten das Unternehmen	Fremdkapitalgeber hat kein Mitspracherecht im Unternehmen
Im Falle einer Insolvenz werden Eigentümer nach Fremdkapitalgebern ausbezahlt	Im Falle einer Insolvenz werden die Fremdkapitalgeber zuerst ausbezahlt
Eigenkapital haftet für die Verbindlichkeiten des Unternehmens	Fremdkapital haftet nicht für die Verbindlichkeiten des Unternehmens
Eigenkapital wird in der Regel unbefristet zur Verfügung gestellt	Fremdkapital wird befristet zur Verfügung gestellt

Fragen zur Lernkontrolle
1. Im Falle einer Insolvenz gelten für fremdfinanzierte Unternehmen bestimmte Bedingungen. Bitte beurteilen Sie, welche Aussagen richtig sind.
   - ☐ Im Insolvenzfall wird das verbliebene Unternehmensvermögen ohne Ausnahme gleichmäßig an alle Gläubiger verteilt.
   - ☐ Wenn es im Zuge der Insolvenz eines Unternehmens zur zwangsweisen Liquidation kommt, steht den Eigenkapitalgebern das verbliebene Unternehmensvermögen zur Verfügung, unabhängig davon, ob die Ansprüche Dritter bedient wurden.
   - ☐ Verbindlichkeiten mit einer hohen Seniorität werden vor den nachrangigen Verbindlichkeiten getilgt.
   - ☐ Im Falle einer Insolvenz werden immer zuerst der Insolvenzverwalter, die Arbeitnehmerrechte und die pfandgesicherten Kreditgeber bedient.
2. Worin besteht der Unterschied zwischen Eigenkapital und Fremdkapital?
   _____
   _____
   _____

3. Wie ist das bilanzielle Eigenkapital basierend auf der Rechtsform definiert? Füllen Sie die Lücken im Text aus.
   Bei Einzelunternehmen und Personengesellschaften wird die Eigenkapitalposition in der Bilanz als _____ _____ bezeichnet. Durch die Einlagen und Entnahmen durch die Gesellschafter, Verluste oder einbehaltene Gewinne während eines Geschäftsjahres unterliegt das Eigenkapital gewissen Schwankungen. Das _____ _____ ist ein Bestandteil aller Unternehmensformen mit Haftungsbeschränkung, wie zum Beispiel GmbH oder AG. Veränderungen des _____ _____ können durch beschlossene Kapitalerhöhungen und Kapitalherabsetzungen entstehen.

1.3 Externe versus interne Finanzierungsquellen

Wie wir soeben gelernt haben, hat ein Unternehmen, das Geld für Investitionen benötigt, die Möglichkeit, dies durch Eigenkapital und Fremdkapital zu finanzieren. Die Rechtsstellung der Kapitalgeber dient dabei als Ausgangsbasis. Die Finanzierungsmöglichkeiten können jedoch auch ausgehend von der Herkunft des Kapitals differenziert werden. Hier lässt sich zwischen Innen- und Außenfinanzierung unterscheiden (vgl. Abb. 1.3).

Außenfinanzierung
Bei der **Außenfinanzierung** kann zwischen Außenfinanzierung mit Fremdkapital und Außenfinanzierung mit Eigenkapital unterschieden werden. Die Außenfinanzierung mit Fremdkapital, auch Kreditfinanzierung genannt, schließt eine Beteiligung durch Einlagen am Unternehmen aus und bezeichnet eine befristete Aufnahme von finanziellen Mitteln

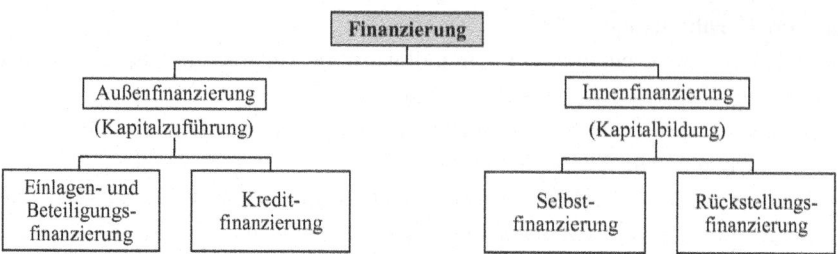

Abb. 1.3 Übersicht der Finanzierungsmöglichkeiten nach Herkunft des Kapitals (Quelle: eigene Darstellung)

in Form von Darlehen. Die Kapitalgeber können auch Eigentümer sein, die dem Unternehmen ein Gesellschafterdarlehen gewähren. Die häufigen Formen der Außenfinanzierung mit Fremdkapital sind Lieferantenkredite, Kundenanzahlungen, Bankkredite oder Schuldverschreibungen.

> **Merke!** Die **Außenfinanzierung** kann sowohl mit Fremd- als auch mit Eigenkapital durchgeführt werden.

Die Außenfinanzierung mit Eigenkapital wird auch **Beteiligungs- oder Einlagenfinanzierung** genannt. Beide Bezeichnungen werden synonym verwendet. Bei dieser Finanzierungsform wird dem Unternehmen das Eigenkapital von außen zugeführt. Die Einlagenfinanzierung kann entweder durch die Zuführung des Eigenkapitals durch bestehende Eigentümer oder Gesellschafter oder durch Kapital von neuen Eigentümern/Gesellschaftern erfolgen. Wesentliche Unterschiede zu anderen Formen der Außenfinanzierung liegen in der Rechtsstellung des Kapitalgebers. Genauer gesagt darin, ob ein Unternehmen Wertpapiere emittieren darf und somit einen Zugang zur Börse hat. Dabei spricht man von emissionsfähigen und nicht emissionsfähigen Unternehmen. Emissionsfähige Unternehmen beschaffen das Eigenkapital über die Emission von Wertpapieren, während nicht emissionsfähige Unternehmen das Eigenkapital durch Geld- und Sachmittel aus dem Privatvermögen der Gesellschafter erhöhen. Das Einbringen von Geld als Eigenkapital nennt man Kapitaleinlagen.

Kapitalerhöhungen durch neue Eigenkapitalgeber werden häufig unter dem Aspekt der Verwässerung der Einflussmöglichkeiten und der Ergebnisverteilung betrachtet und sind somit nicht bei allen Altgesellschaftern oder Aktionären beliebt. Denn zum einen haben mehr Gesellschafter ein Mitspracherecht bei der Geschäftsführung und zum anderen wird der entstandene Gewinn auf mehr Kapitaleigner verteilt. Der Gewinnanteil des einzelnen Gesellschafters sinkt.

Innenfinanzierung

Während ein Unternehmen bei der Außenfinanzierung auf externe Finanzierungsquellen zurückgreift, das heißt außerhalb des Unternehmens, bilden interne Finanzierungsquellen die Grundlage der **Innenfinanzierung**. Die Finanzmittel werden hier, im Unterschied zur Außenfinanzierung, aus dem Umsatzprozess des Unternehmens beschafft. Grundsätzlich kann zwischen der Innenfinanzierung mit Eigen- oder Fremdkapital unterschieden werden. Interne Finanzierung mit Eigenkapital beinhaltet die offene oder stille Selbstfinanzierung, interne Finanzierung mit Fremdkapital umfasst Fremdfinanzierung aus Abschreibungen oder Rückstellungen. Es kann ferner zwischen kurzfristiger Fremdfinanzierung (zum Beispiel Rückstellungen auf gewinnabhängige Steuern) und langfristige Fremdfinanzierung (zum Beispiel Pensionsrückstellungen) unterschieden werden.

Offene und stille Selbstfinanzierung

Offene Selbstfinanzierung erfolgt durch die Einbehaltung der Gewinne, das heißt, es findet keine Ausschüttung oder Gewinnentnahme statt. Bei Einzelunternehmen und Personengesellschaften wird durch die offene Selbstfinanzierung das Kapitalkonto erhöht, wobei bei Kapitalgesellschaften die Zuführung der thesaurierten Gewinne zu den „Gewinnrücklagen" erfolgt.

Stille Selbstfinanzierung ist durch die Bildung sogenannter stiller Reserven gekennzeichnet. Stille Reserven sind Kapitalreserven, die durch die Unterbewertung von Vermögenswerten oder durch eine Überbewertung von Rückstellungen entstehen.

Rückstellungen und Abschreibungen

Rückstellungen sind begründet erwartete Kosten in der Zukunft aus vorhersehbaren Ursachen. Sie fallen also nach dem Bilanzstichtag an und sind folglich noch nicht verbucht. Das Kosten verursachende Ereignis muss in der laufenden Periode absehbar sein, aber ohne Kostenwirkung. Ein typisches Beispiel für langfristige Rückstellungen sind die Pensionsrückstellungen. Hierbei handelt es sich um Verpflichtungen für die betriebliche Altersversorgung der Mitarbeiter. Kurzfristige Rückstellungen dagegen können beispielsweise für gewinnabhängige Steuern gebildet werden. Eine weitere Möglichkeit zur Bildung von Rückstellungen kann beispielsweise ein erwarteter Schadensersatz aufgrund eines Gerichtsverfahrens sein.

Abschreibungen resultieren aus der Wertminderung bestimmter Vermögensgegenstände. Dabei werden Vermögensgegenstände betrachtet, die eine mehrjährige Nutzungsdauer besitzen (zum Beispiel Firmenwagen oder Maschinen). Die Abschreibung der Wertminderung erfolgt über die Jahre der Nutzungsdauer. Auf diese Formen der Innenfinanzierung werden wir in Kap. 4 näher eingehen.

Tab. 1.2 Finanzierungsalternativen (Quelle: eigene Darstellung)

		Herkunft des Kapitals	
		Außenfinanzierung (Kapitalzuführung)	Innenfinanzierung (Kapitalbildung)
Rechtsstellung der Kapitalgeber	**Eigenfinanzierung (Eigenkapitalgeber)**	1. Eigenfinanzierung in Buchform (Beteiligungsfinanzierung bei nicht emissions-fähigen Unternehmen) 2. Eigenfinanzierung in Wertpapierform (Beteiligungsfinanzierung bei emissionsfähigen Unternehmen)	1. Offene Selbstfinanzierung (Gewinnthesaurierung) 2. Stille Selbstfinanzierung
	Fremdfinanzierung (Fremdkapitalgeber)	Externe Fremdfinanzierung (Kreditfinanzierung) 1. Langfristig (z. B. Schuldverschreibungen und langfristige Bankkredite) 2. Kurzfristig (z. B. Lieferanten- und kurzfristige Bankkredite)	Interne Fremdfinanzierung 1. Langfristig (z. B. Pensionsrückstellungen) 2. Kurzfristig (z. B. Rückstellungen für gewinnabhängige Steuern und Gratifikationen)

Wir haben uns mit den verschiedenen Möglichkeiten der Finanzierung beschäftigt. Aus Sicht der Rechtsstellung der Kapitalgeber haben wir Eigen- und Fremdfinanzierung unterschieden und aus Sicht der Herkunft des Kapitals haben wir Außen- und Innenfinanzierung kennengelernt. Nun wollen wir uns zum Abschluss noch anschauen, wie sich diese Perspektiven kombinieren lassen. Tab. 1.2 ordnet die jeweiligen Finanzierungsalternativen in Form einer Matrix den jeweiligen Sichtweisen zu. So lässt sich die Beteiligungs- oder Einlagenfinanzierung sowohl der Eigenfinanzierung zuordnen, was die Rechtsstellung der Kapitalgeber betrifft, als auch der Außenfinanzierung, da hier Kapital von außen dem Unternehmen zugeführt wird. Bei der Kreditfinanzierung fließt dem Unternehmen ebenfalls Geld von außen zu, allerdings handelt es sich hier um Fremdkapital. Bei der Innenfinanzierung, also Mitteln, die innerhalb des Unternehmens generiert wurden, lässt sich ebenfalls unterscheiden, ob es sich um Eigen- oder Fremdkapital handelt. Die Finanzierungsformen heißen hier Selbstfinanzierung und Rückstellung. Des Weiteren existiert eine Mischform aus Kredit- und Beteiligungsfinanzierung, die Mezzanine-Finanzierung, die wir in Kap. 5 kennenlernen werden.

Fragen zur Lernkontrolle
1. Ausgehend von der Herkunft des Kapitals wird zwischen Außen- und Innenfinanzierung unterschieden. Bitte ordnen Sie die nachstehenden Finanzierungsarten den beiden Begriffen zu:

    Kreditfinanzierung
    Stille Selbstfinanzierung   1. Außenfinanzierung
    Rückstellungsfinanzierung   2. Innenfinanzierung
    Beteiligungsfinanzierung

2. Geben Sie an, ob die folgende Aussage richtig oder falsch ist.
    „Die Außenfinanzierung mit Fremdkapital, auch Kreditfinanzierung genannt, schließt eine Beteiligung am Unternehmen durch Einlagen ein."
    ☐ Richtig
    ☐ Falsch
3. Welche der folgenden Finanzierungsformen ist keine Außenfinanzierung?
    ☐ Lieferantenkredit
    ☐ Rückstellungen
    ☐ Kundenvorauszahlung
    ☐ Offene Selbstfinanzierung
    ☐ Kapitaleinlage der Gesellschafter

1.4 Finanzierung und Wachstum

In diesem Kapitel werden wir von den Zukunftsabsichten des Managements ausgehend die finanzpolitischen Alternativen betrachten, die aus den Investitionsvorhaben und den Finanzierungsmöglichkeiten abzuleiten sind. Aus diesen Investitionen wiederum resultiert dann das potenzielle Wachstum eines Unternehmens.

Externe Finanzierung und Wachstum hängen stark zusammen. Bei geringem Wachstum eines Unternehmens kann eine interne Finanzierung durch nicht ausgeschüttete Gewinne ausreichend sein. Bei größerem Wachstum wird diese Finanzierungsmöglichkeit jedoch im Normalfall nicht ausreichen, sodass sich ein Unternehmen für Außenfinanzierung auf den Kapitalmärkten umsehen muss. Diese Beziehung zwischen Wachstum und Außenfinanzierung bzw. dem externen Finanzierungsbedarf (EFB) zu kennen kann ein hilfreiches Mittel für langfristige Planung eines Unternehmens sein.

Um die Beziehung zwischen EFB und Wachstum herzustellen, sehen wir uns ein Beispiel an.

> **Beispiel**
>
> Das Unternehmen GoodFood plc. hat folgende vereinfachte GuV und Bilanz:
>
> **GuV GoodFood plc. (Basisjahr t_0)**
>
> | | |
> |---|---|
> | Umsatz | 800 € |
> | Kosten | 600 € |
> | **Zu versteuerndes Einkommen** | **200 €** |
> | Steuern (28 %) | 56 € |
> | **Jahresüberschuss** | **144 €** |
> | Dividenden | 48 € |
> | Nicht ausgeschüttete Gewinne | 96 € |
>
> **Bilanz GoodFood plc. (Basisjahr t_0)**
>
> | | | | |
> |---|---|---|---|
> | Anlagevermögen | 600 € | Eigenkapital | 500 € |
> | Umlaufvermögen | 400 € | Fremdkapital | 500 € |
> | **Gesamtvermögen** | **1.000 €** | **Gesamtkapital** | **1.000 €** |
>
> Gehen wir von einem 20-prozentigen Umsatzwachstum aus. Der Umsatz steigt somit auf 960 €. Um diesen Umsatzanstieg zu erreichen, müssen auch 20 % mehr produziert werden. Damit steigt auch das Gesamtvermögen um 20 % auf 1.200 € an. Wird 20 % mehr produziert, so steigen auch die Kosten um 20 %. Werden diese Veränderungen alle berücksichtigt, dann müssen die GuV und die Bilanz im nächsten Jahr (Jahr t_1) folgendermaßen aussehen:
>
> **Plan-GuV GoodFood plc. (Jahr t_1)**
>
> | | |
> |---|---|
> | Umsatz | 960,00 € |
> | Kosten | 720,00 € |
> | **Zu versteuerndes Einkommen** | **240,00 €** |
> | Steuern (28 %) | 67,20 € |
> | **Jahresüberschuss** | **172,80 €** |
> | Dividenden | 57,60 € |
> | Nicht ausgeschüttete Gewinne | 115,20 € |
>
> **Plan-Bilanz GoodFood plc. (Jahr t_1)**
>
> | | | | |
> |---|---|---|---|
> | Anlagevermögen | 720 € | Eigenkapital | 615,20 € |
> | Umlaufvermögen | 480 € | Fremdkapital | 500,00 € |
> | **Gesamtvermögen** | **1.200 €** | **Gesamtkapital** | **1.115,20 €** |
>
> Externer Finanzierungsbedarf (EFB) = 200 € – 115,2 € = 84,80 €

1.4 Finanzierung und Wachstum

Der externe Finanzierungsbedarf von 84,80 € wird in diesem Beispiel durch Fremdkapital finanziert. Somit ergibt sich ein gesamtes Fremdkapital von 584,80 €. Das Gesamtkapital beträgt dann 1.115,20 € + 84,80 € = 1.200 €, was wiederum dem Gesamtvermögen entspricht.

Vergleicht man nun den Verschuldungsgrad Fremdkapital/Eigenkapital der beiden Jahre, so wird deutlich, dass er abnimmt:

$$\text{Verschuldungsgrad Basisjahr} = \frac{500\,€}{500\,€} = 1$$

$$\text{Verschuldungsgrad Jahr } t_1 = \frac{500\,€ + 84,80\,€}{615,2\,€} = 0,95$$

Tab. 1.3 zeigt die Auswirkung unterschiedlicher Umsatzwachstumsraten auf die notwendige Außenfinanzierung und den Verschuldungskoeffizienten.

Die fett gedruckten Zahlen in Tab. 1.3 entsprechen dem oben gerechneten Beispiel. In jedem der Fälle in der Tabelle ist das Fremdkapital unsere Residualvariable. Bis zum 10-prozentigen Wachstum wird deutlich, dass keine Außenfinanzierung nötig ist, sondern sogar noch Verbindlichkeiten abgebaut werden können (siehe negative Zahlen in der Spalte „Externer Finanzierungsbedarf"). Bei einem Wachstum von 25 % beträgt der Verschuldungsgrad sogar mehr als der ursprüngliche Koeffizient im Basisjahr. Bei Wachstumsraten unter 25 % sinkt der Koeffizient.

In Abb. 1.4 ist Tab. 1.3 grafisch dargestellt. Es ist klar zu sehen, dass die Aktiva, die das Umsatzwachstum erst ermöglichen, schneller zunehmen als die durch das prognostizierte Wachstum hervorgerufenen nicht ausgeschütteten Gewinne. Sobald also die gestrichelte Linie die durchgezogene schneidet, wird Außenfinanzierung benötigt.

Tab. 1.3 Wachstum und Außenfinanzierung 1 GoodFood plc (Quelle: eigene Darstellung, in Anlehnung an Hillier et al. 2010, S. 73)

Prognostiziertes Wachstum (in %)	Notwendige zusätzliche Aktiva (in €)	Erhöhung der nicht ausgeschütteten Gewinne (in €)	Externer Finanzierungsbedarf (in €)	Prognostizierter Verschuldungsgrad
0	0	96	−96	0,68
5	50	100,8	−50,8	0,75
10	100	105,6	−5,6	0,82
15	150	110,4	39,6	0,88
20	**200**	**115,2**	**84,8**	**0,95**
25	250	120	130	1,02

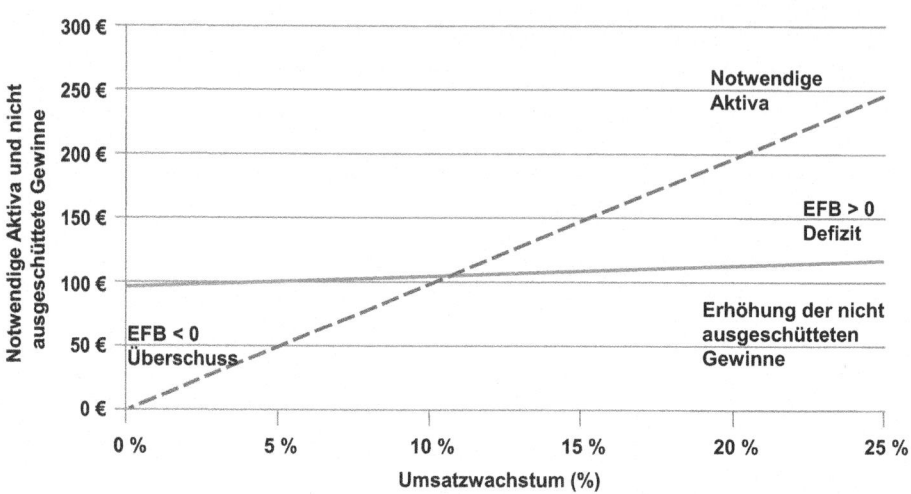

Abb. 1.4 Wachstum und Außenfinanzierung 1 GoodFood plc (Quelle: eigene Darstellung, basierend auf Hillier et al. 2010, S. 74)

Interne Wachstumsrate

Wo sich in Abb. 1.4 die beiden Grafen schneiden, deckt die Innenfinanzierung der GoodFood plc. genau die Mittel, die für Investitionen in neue Aktiva nötig sind. Die höchste Wachstumsrate, die allein durch Innenfinanzierung erreicht werden kann, kann alternativ auch mit folgender Formel berechnet werden. Sie wird auch **interne Wachstumsrate** genannt.

▶ **Merke!** Die **interne Wachstumsrate** bezeichnet die höchste Wachstumsrate, die durch Innenfinanzierung erreicht werden kann.

$$\text{Interne Wachstumsrate} = \frac{\text{GKR} \cdot \text{b}}{1 - \text{GKR} \cdot \text{b}}$$

GKR bezeichnet die **Gesamtkapitalrendite** und wird wie folgt berechnet:

$$\text{Gesamtkapitalrendite} = \frac{\text{Gewin}}{\text{Gesamtkapital}}$$

Die Variable b ist die **Thesaurierungsquote**. Sie drückt das Verhältnis von nicht ausgeschütteten Gewinnen zu Jahresüberschuss aus.

$$\text{b} = \text{Thesaurierungsquote} = \frac{\text{Nicht ausgeschüttete Gewinne}}{\text{Jahresüberschuss}}$$

1.4 Finanzierung und Wachstum

Konkret für unser Beispiel der GoodFood plc. berechnet heißt das:

$$\text{Gesamtkapitalrendite} = \frac{144\,€}{1.000\,€ \cdot 100} \times 100 = 14{,}4\,\%$$

Für die Thesaurierungsquote b nehmen wir die nicht ausgeschütteten Gewinne und den Jahresüberschuss der GuV des Basisjahres t_0:

$$b = \frac{96\,€}{144\,€} = \frac{2}{3}$$

Wie sieht also die interne Wachstumsrate der GoodFood plc. aus?

$$\text{Interne Wachstumsrate} = \frac{0{,}144 \cdot \frac{2}{3}}{1 - 0{,}144 \cdot \frac{2}{3}} = 10{,}62\,\%$$

Die interne Wachstumsrate von 10,26 % entspricht in Abb. 1.5 genau dem x-Achsenabschnitt, in dem sich beide Grafen schneiden. Diese Rate sagt uns, dass bis zu einem Wachstum von 10,26 % die Aktiva, die dafür benötigt werden, allein durch nicht ausgeschüttete Gewinne finanziert werden können. Bei einem höheren Wachstum müssen zusätzliche externe Finanzierungsquellen benutzt werden, um die Expansion des Unternehmens zu finanzieren.

Aus der Formel wird ebenfalls klar, dass eine höhere Thesaurierungsquote und eine höhere Kapitalrendite die interne Wachstumsrate erhöhen. Eine höhere Thesaurierungsquote bedeutet, dass GoodFood plc. einen höheren Teil des Reingewinns ins

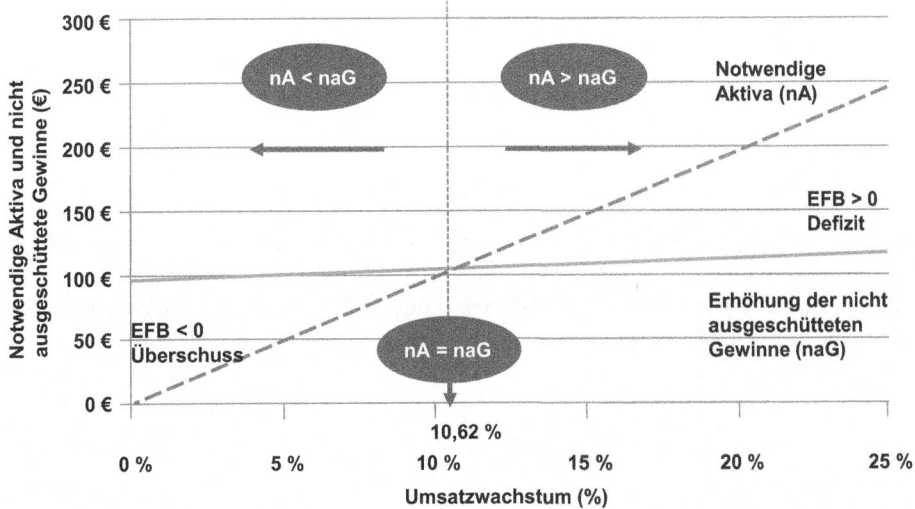

Abb. 1.5 Wachstum und Außenfinanzierung 2 GoodFood plc (Quelle: eigene Darstellung basierend auf Hillier et al. 2010, S. 74)

Unternehmen „reinvestiert". Somit verfügt das Unternehmen über mehr Geldmittel, um das interne Wachstum ohne externes Kapital zu finanzieren. Für unser Beispiel der GoodFood plc. nehmen wir an, dass nicht 96 €, sondern 120 € als nicht ausgeschüttete Gewinne im Unternehmen verbleiben. Für die Thesaurierungsquote bedeutet dies:

$$b = \frac{120\,€}{144\,€} = \frac{5}{6}$$

Bleiben alle anderen Werte konstant, so beträgt die interne Wachstumsrate nun:

$$\text{Interne Wachstumsrate} = \frac{0{,}144 \cdot \frac{5}{6}}{1 - 0{,}144 \cdot \frac{5}{6}} = 13{,}63\,\%$$

Wie wir sehen können, ist GoodFood plc. durch eine höhere Thesaurierungsquote in der Lage ein höheres Wachstum allein durch die Innenfinanzierung zu stemmen. Das gleiche gilt bei einer höheren Kapitalrendite. Beträgt der Jahresüberschuss statt 144 €, wie im vorherigen Beispiel, nun 200 €, so wirkt sich dies ebenfalls positiv auf die interne Wachstumsrate aus. Bei 200 € Jahresüberschuss beträgt die Gesamtkapitalrendite 20 %:

$$\text{Gesamtkapitalrendite} = \frac{200\,€}{1.000\,€ \cdot 100} = 20\,\%$$

Die interne Wachstumsrate beträgt hiernach:

$$\text{Interne Wachstumsrate} = \frac{0{,}2 \cdot \frac{2}{3}}{1 - 0{,}2 \cdot \frac{2}{3}} = 14{,}94\,\%$$

Aus diesen Beispielen wird deutlich, dass eine höhere Thesaurierungsquote und eine höhere Kapitalrendite die interne Wachstumsrate erhöhen und somit die Innenfinanzierungsfähigkeit eines Unternehmens verbessern.

Nachhaltige Wachstumsrate
Eine weitere für ein Unternehmen interessante Wachstumsrate ist die nachhaltige Wachstumsrate. Sie gibt an, wie viel Prozent ein Unternehmen wachsen kann, wenn es nur interne Finanzmittel und Fremdfinanzierung einsetzt – wobei der Verschuldungsgrad konstant bleibt, das heißt das Verhältnis von Fremd- zu Eigenkapital bleibt gleich. Sie nennt sich nachhaltige Wachstumsrate und kann mit folgender Formel bestimmt werden:

$$\text{Nachhaltige Wachstumsrate} = \frac{\text{EKR} \cdot b}{1 - \text{EKR} \cdot b}$$

1.4 Finanzierung und Wachstum

EKR ist als Eigenkapitalrendite definiert und wird wie folgt berechnet:

$$\text{EKR} = \frac{\text{Gewinn}}{\text{Eigenkapital}} \cdot 100$$

b ist wie bei der internen Wachstumsrate die Thesaurierungsquote.

Im GoodFood-Beispiel kann folgende Eigenkapitalrendite berechnet werden:

$$\text{Eigenkapitalrendite} = \frac{144\,€}{500\,€} \cdot 100 = 28,8\,\%$$

Die Thesaurierungsquote liegt unverändert bei b = 2/3. GoodFood plc. hat also eine nachhaltige Wachstumsrate von:

$$\text{Nachhaltige Wachstumsrate} = \frac{0{,}288 \cdot \frac{2}{3}}{1 - 0{,}288 \cdot \frac{2}{3}} = 23{,}76\,\%$$

Das Unternehmen kann also um 23,76 % wachsen und dieses Wachstum nur mit nicht ausgeschütteten Gewinnen und Fremdkapital finanzieren, wobei der Verschuldungsgrad konstant bleibt. Grafisch dargestellt ist diese Wachstumsrate in Abb. 1.6.

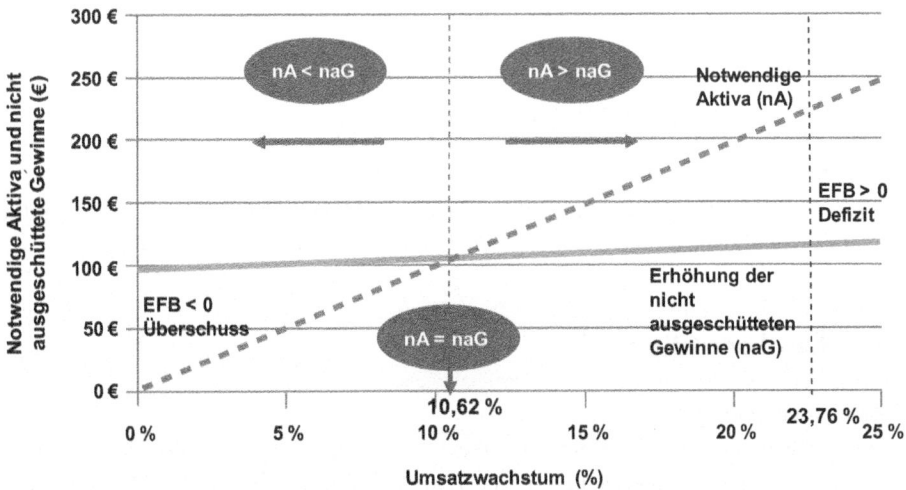

Abb. 1.6 Wachstum und Außenfinanzierung 3 GoodFood plc (Quelle: eigene Darstellung basierend auf Hillier et al. 2010, S. 74)

Wie bei der internen Wachstumsrate gilt auch hier, je höher die Thesaurierungsquote b oder die Eigenkapitalrendite, desto größer ist diese Wachstumsrate. Eine höhere Thesaurierungsquote und eine höhere Eigenkapitalrendite bedeuten, dass das Unternehmen auch höhere interne Finanzmittel hat und nicht auf externe Finanzierungsquellen angewiesen ist.

Fragen zur Lernkontrolle

1. Das Unternehmen Mobile plc. gibt 40 % seines Jahresüberschusses als Dividenden aus, die Thesaurierungsquote beträgt demnach 60 % (1 − 0,40 = 0,60). Über die letzten Jahre hatte das Unternehmen eine durchschnittliche Gesamtkapitalrendite von 15 %. Wie schnell kann Mobile plc. wachsen, ohne dafür auf externe Finanzierungsquellen zurückzugreifen:
   - ☐ 8,9 %
   - ☐ 9,9 %
   - ☐ 10,0 %
   - ☐ 13,0 %
2. Wie kann die interne Wachstumsrate erhöht werden?
   - ☐ Durch eine höhere Thesaurierungsquote
   - ☐ Durch eine höhere Eigenkapitalrendite
   - ☐ Durch eine höhere Gesamtkapitalrendite
   - ☐ Durch einen niedrigeren Jahresüberschuss
3. Die nachhaltige Wachstumsrate gibt an …
   - ☐ … wie viel Prozent ein Unternehmen wachsen kann, wenn es nur interne Finanzmittel und Fremdfinanzierung einsetzt – ohne Veränderung des Verschuldungsgrads.
   - ☐ … wie der Unternehmensumsatz wachsen kann, wenn das Unternehmen nur Fremdfinanzierung einsetzt.
   - ☐ … wie viel Prozent ein Unternehmen wachsen kann, wenn es nur interne Finanzmittel einsetzt.
   - ☐ … wie viel Prozent ein Unternehmen wachsen kann, wenn es interne Finanzmittel und Fremdfinanzierung einsetzt und dabei den Verschuldungsgrad ändert.

1.5 Lernkontrolle

Zusammenfassung

Das Finanzmanagement ist ein wichtiger Teil der Unternehmensführung und spielt bei der Unternehmensentwicklung eine zentrale Rolle. Das oberste Ziel des Finanzmanagements ist die Maximierung des Shareholder-Value. Dabei hat das Finanzmanagement eine duale Aufgabe: Aus operativer Sicht gilt es, die Zahlungsfähigkeit des Unternehmens jederzeit zu gewährleisten und strategisch dazu beizutragen, den Unternehmenswert zu steigern.

Ein Unternehmen kann grundsätzlich zwischen zwei verschiedenen Finanzierungsmöglichkeiten wählen: Eigenkapital und Fremdkapital. Die Finanzierungsmöglichkeiten können jedoch auch ausgehend von der Herkunft des Kapitals differenziert werden. Hier lässt sich zwischen Innen- und Außenfinanzierung unterscheiden. Während ein Unternehmen bei der Außenfinanzierung auf externe Finanzierungsquellen zurückgreift, bilden interne Finanzierungsquellen aus Umsatzprozessen die Grundlage der Innenfinanzierung.

Externe Finanzierung und Wachstum hängen stark zusammen. Bei größerem Wachstum muss ein Unternehmen auf die Außenfinanzierung zurückgreifen. Mit der Berechnung der internen Wachstumsrate kann die höchste Wachstumsrate, die durch die Innenfinanzierung erreicht werden kann, ermittelt werden. Die nachhaltige Wachstumsrate dagegen gibt an, wie viel Prozent ein Unternehmen wachsen kann, wenn es interne Finanzmittel und Fremdfinanzierung einsetzt – wobei der Verschuldungsgrad konstant bleibt.

Übungsaufgaben

1. Das Unternehmen Wings AG hat die folgende Bilanz und GuV:

GuV Wings AG (Basisjahr t_0)

Umsatz	1.200 €
Kosten	600 €
Zu versteuerndes Einkommen	600 €
Steuern (28 %)	168 €
Jahresüberschuss	432 €
Dividenden	108 €
Nicht ausgeschüttete Gewinne	324 €

Bilanz Wings AG (Basisjahr t_0)

Anlagevermögen	600 €	Eigenkapital	500 €
Umlaufvermögen	400 €	Fremdkapital	500 €
Gesamtvermögen	1.000 €	Gesamtkapital	1.000 €

Die Wings AG erwartet einen Umsatzanstieg von 15 % für das nächste Jahr.
   a) Stellen Sie die Plan-GuV und Plan-Bilanz für das Jahr t_1 auf. Nehmen Sie dabei an, dass die Ausschüttungsquote konstant bleibt.
   b) Berechnen Sie den externen Finanzierungsbedarf basierend auf diesen Daten. Erläutern Sie kurz das Ergebnis.
   c) Berechnen Sie die interne Wachstumsrate der Wings AG für das Jahr t_0.
   d) Berechnen Sie die nachhaltige Wachstumsrate der Wings AG für das Jahr t_0.

2. Warum ist eine Prognose für das Umsatzwachstum für die langfristige Finanzplanung notwendig?
3. Diskutieren Sie die Vor- und Nachteile des Shareholder-Value- und des Stakeholder-Value-Ansatzes.

Literatur

Bleis, Ch. (2011): *Grundlagen Investition und Finanzierung: Lehr- und Arbeitsbuch*, 3. Auflage, Oldenbourg Wissenschaftsverlag, München.
Hillier, D./Ross, S. A./Westerfield, R. W./Jaffe, J./Jordan, B. D. (2010): *Corporate Finance*, 1. Auflage (European Edition), McGraw-Hill, London.
Peters, S./Brühl, R./Stelling J. N. (2005): *Betriebswirtschaftslehre: Einführung*, 12. Auflage, Oldenbourg Wissenschaftsverlag, München.
Perridon, L./Steiner, M./Rathgeber, A. W. (2016): *Finanzwirtschaft der Unternehmung*, 17., überarbeitete und erweiterte Auflage, Franz Vahlen, München.

Weiterführende Literatur zum Selbststudium

Becker, H. P. (2015): *Investition und Finanzierung: Grundlagen der betrieblichen Finanzwirtschaft*, 7., aktualisierte Auflage, Gabler Verlag, Wiesbaden, S. 9–28.
Guserl, R./Pernsteiner, H. (2013): *Handbuch Finanzmanagement in der Praxis*, 2. Auflage, Springer-Verlag, S. 1–32.
Jensen, M. C. (2001): *Value Maximisation, Stakeholder Theory, and the Corporate Objective Function*. In: European Financial Management, 7 (3), S. 297–317.

Beteiligungsfinanzierung 2

> **Lernziele**
> Nach der Bearbeitung dieses Kapitels werden Sie wissen, ...
> ... was die Besonderheiten von emissionsfähigen Unternehmen sind.
> ... wie Aktien als Eigenkapitalinstrumente eingesetzt werden können.
> ... welche Börsenplätze und -segmente unterschieden werden können.
> ... was die Merkmale von nicht-emissionsfähigen Unternehmen sind.
> ... wie Venture-Capital-Gesellschaften funktionieren.
> ... welche Formen der Buy-outs grundsätzlich möglich sind und wie Buy-outs in der Praxis durchgeführt werden.

Wie wir bereits im ersten Kapitel gelernt haben, ist finanzsystematisch gesehen die Beteiligungsfinanzierung eine Form der Außenfinanzierung mit Eigenkapital. Das geläufigste Instrument der Beteiligungsfinanzierung ist die Aktie. Das Aktienkapital einer Aktiengesellschaft kann unterschiedliche Formen annehmen.

> **Aus der Praxis**
> Das Beispiel eines amerikanischen Automobilkonzerns demonstriert eine mögliche Form der Zusammensetzung.
>
> In der Satzung des Konzerns findet man die folgende Formulierung: „The total authorized capital stock of the corporation is as follows: 3.108.000.000 shares, of which 8.000.000 shares shall be preferred stock, without par value, 100.000.000 shall be preferred stock, 0.10 $ par value, and 3.000.000.000 shares shall be common stock, 1 2/3 $ par value."

© Springer Fachmedien Wiesbaden GmbH, ein Teil von Springer Nature 2018
T. Schuster und M. Uskova, *Finanzierung und Finanzmanagement*,
https://doi.org/10.1007/978-3-658-18553-4_2

Das Aktienkapital des Autokonzerns setzt sich demnach wie folgt zusammen:

- 3.000.000.000 Stück Stammaktien mit einem Nennwert von 1 2/3 $,
- 100.000.000 Stück Vorzugsaktien mit einem Nennwert von 0,10 $,
- 8.000.000 Stück nennwertlose Vorzugsaktien

In diesem Kapitel lernen Sie, wie Aktien als Eigenkapitalinstrumente eingesetzt werden und welche Formen die aktienrechtlichen Kapitalerhöhungen annehmen können. Es werden die Unterschiede zwischen emissionsfähigen und nicht emissionsfähigen Unternehmen beleuchtet und die Möglichkeiten der Beteiligungsfinanzierung aufgezeigt.

2.1 Merkmale emissionsfähiger Unternehmen

Emissionsfähige Unternehmen sind Gesellschaften, die zur Ausgabe (Emission) von Wertpapieren berechtigt sind. Diese Unternehmen haben die Rechtsform einer Aktiengesellschaft und umfassen folgende Gesellschaftsformen:

- AG (Aktiengesellschaft)
- KGaA (Kommanditgesellschaft auf Aktien)
- Kleine AG
- GmbH & Co KGaA
- AG & Co KGaA

Für die Ausgabe von Aktien und anderen Wertpapieren nutzen emissionsfähige Unternehmen die Wertpapierbörse, das heißt den organisierten Kapitalmarkt. Durch die Stückelung der Aktien in kleine Anteile ist es solchen Gesellschaften möglich, Eigenkapital von vielen kleinen Aktionären zu beschaffen. Diese Form der Außenfinanzierung durch Eigenfinanzierung bietet die Möglichkeit für die Aufnahme von ziemlich hohen Kapitalbeträgen. Dies erlaubt die Beschaffung von genügend Eigenkapitalbeträgen, sodass das Unternehmenswachstum nicht durch Finanzierungsprobleme beschränkt sein muss. Die Einführung des Gesetzes für „kleine Aktiengesellschaften" im Jahr 1994 hat dazu beigetragen, dass die Rechtsform der Gesellschaft auch für kleinere und mittelständische Unternehmen attraktiv geworden ist. Die „kleine AG" erlaubt die Gründung einer AG durch nur einen oder eine überschaubare Anzahl von Gesellschaftern.

▷ **Merke!** Bei emissionsfähigen Unternehmen vollzieht sich die Außenfinanzierung als Eigenfinanzierung über die Emission von Wertpapieren.

2.1 Merkmale emissionsfähiger Unternehmen

Emissionsfähige Unternehmen zeichnen sich durch folgende Merkmale aus:

- Die Beschaffung großer Kapitalbeträge ist durch Aufteilung in viele kleinere Teilbeträge (Aktien) leicht möglich.
- Anleger haben die Möglichkeit, auch mit kleineren Beträgen Anteile am Unternehmen zu erwerben. Die Gesellschaft dagegen erweitert dadurch ihren potenziellen Eigenkapitalgeberkreis.
- Die hohe Fungibilität (Handelbarkeit) der Aktien bietet sowohl für den Anteilseigner als auch für den Emittenten Vorteile. Der Anteilseigner ist durch die hohe Fungibilität in der Lage, seine Beteiligung bei Bedarf zu verkaufen und Beteiligungen an anderen Unternehmen einzugehen.
- Es existiert eine detaillierte und einheitliche rechtliche Grundlage des Gesellschaftsvertrages durch das Aktiengesetz.
- Durch die Trennung von Management (Vorstand) und Eigenkapitalgeber (Hauptversammlung der Aktionäre) wird eine kontinuierliche und unveränderte Geschäfts- und Investitionspolitik bei einem Kapitalgeberwechsel sichergestellt.
- Emissionsfähige Unternehmen haben Zugang zum anonymen und organisierten Kapitalmarkt, was die Beschaffung von Eigenkapital wesentlich erleichtert.

Fragen zur Lernkontrolle
1. Die emissionsfähigen Unternehmen zeichnen sich durch bestimmte Merkmale aus. Nennen Sie mindestens drei Besonderheiten.

_____

_____

_____

2. Beteiligungsfinanzierung ...
   - ☐ ... ist eine Form der Außenfinanzierung durch Fremdfinanzierung über die Emission von Wertpapieren.
   - ☐ ... ist eine Form der Innenfinanzierung durch Eigenfinanzierung über die Emission von Wertpapieren.
   - ☐ ... ist eine Form der Außenfinanzierung durch Fremdfinanzierung über Bankkredite.
   - ☐ ... ist eine Form der Außenfinanzierung durch Eigenfinanzierung über die Emission von Wertpapieren.
3. Geben sie an, ob die folgende Aussage richtig oder falsch ist.
   „Die Anteilspapiere einer Aktiengesellschaft haben in der Regel eine hohe Fungibilität."
   ☐ Richtig
   ☐ Falsch

2.2 Beteiligungsfinanzierung emissionsfähiger Unternehmen

2.2.1 Aktiengesellschaft

Die **Aktiengesellschaft** ist eine Kapitalgesellschaft, bestehend aus einem in Teilsummen (Aktien) aufgeteilten Grundkapital. Sie haftet nur mit ihrem Gesellschaftsvermögen.

Eine Aktiengesellschaft beinhaltet insgesamt drei Gremien: die Hauptversammlung, der Aufsichtsrat und der Vorstand. Auf der Hauptversammlung kommen alle Aktionäre zusammen. Normalerweise findet sie einmal pro Jahr statt. In der Hauptversammlung erhalten die Aktionäre vom Vorstand Information über den Verlauf des Geschäfts. Die Aktionäre haben das Recht, Fragen zu stellen sowie Entscheidungen zu treffen. Sie legen auf dieser Versammlung die Dividende fest und haben das Recht, die Mitglieder des Aufsichtsrats zu wählen. Der von den Aktionären gewählte Aufsichtsrat hat eine Überwachungsfunktion. Der Rat vertritt nicht nur die Aktionäre, sondern auch die Belegschaft der Firma. Teil des Aufsichtsrats können Vertreter der Großaktionäre, Vertreter der Arbeitnehmer sowie Personen aus Wirtschaft, Politik oder Gesellschaft sein. Der Aufsichtsrat ist dafür verantwortlich, die Vorstandsmitglieder einzuberufen und diese gegebenenfalls wieder abzusetzen. Der Vorstand ist für die Leitung der Geschäfte des Unternehmens verantwortlich. Beim Vorstand liegt auch die Hauptverantwortung für den wirtschaftlichen Erfolg des Unternehmens. Wichtige Entscheidungen werden in Absprache mit dem Aufsichtsrat getroffen.

Das Eigenkapital einer Aktiengesellschaft kann in mehrere Positionen untergliedert werden, wie Tab. 2.1 zeigt.

Gezeichnetes Kapital oder **Grundkapital** ist der feste Teil des Eigenkapitals, auf das die Haftung der Gesellschafter für die Verbindlichkeit der Gesellschaft gegenüber Gläubigern beschränkt ist (§ 272 Abs. 1 HGB). Die Höhe des Grundkapitals spiegelt die

Tab. 2.1 Aufgliederung des Eigenkapitals einer Aktiengesellschaft (Quelle: eigene Darstellung)

I		**Gezeichnetes Kapital (Grundkapital)**
II		**Kapitalrücklage**
III		**Gewinnrücklagen**
		1. Gesetzliche Rücklage
		2. Rücklage für eigene Anteile
		3. Satzungsmäßige Rücklagen
		4. Andere Gewinnrücklagen
IV.		**Gewinnvortrag/Verlustvortrag**
V.		**Jahresüberschuss/Jahresfehlbetrag**
=		**Bilanzielles Eigenkapital**
VI.		**Stille Reserven**

Summe aller Nennwerte der emittierten Aktien wider. Die Kapitalgesellschaften sind dazu verpflichtet, den Betrag, der über diesen Nominalwert hinaus erzielt wird (Agio), als **Kapitalrücklage** auszuweisen. Unterpari-Emissionen (unter dem Nennwert) sind nicht erlaubt. **Gewinnrücklagen** werden aus dem nicht ausgeschütteten Jahresüberschuss gebildet. Wird ein Verlust erwirtschaftet, so wird diese Kapitalrücklage nicht erhöht. Der Teil des Jahresüberschusses, der in der Gesellschaft vorschriftsmäßig einbehalten werden muss, wird als gesetzliche Rücklage bezeichnet. Die Rücklage für eigene Anteile ist der Betrag der Anteile des eigenen Unternehmens, den die Aktionäre in der Gesellschaft halten und muss den eigenen Anteilen auf der Aktivseite der Bilanz entsprechen. Diese Rücklagen dienen dem Gläubigerschutz (Ausschüttungssperre). Alle Rücklagen, die auf der Satzung oder dem Gesellschaftervertrag beruhen, werden als satzungsmäßige (statuarische) Rücklagen bezeichnet. Andere Gewinnrücklagen beinhalten alle Rücklagen, die freiwillig gebildet werden. Sie werden auch freie Gewinnrücklagen genannt.

Rücklagen werden in der Regel gebildet, um

- außergewöhnliche oder unerwartete Verluste auszugleichen.
- die finanzielle Situation der Gesellschaft zu verbessern.
- die Kapitalstruktur zu verbessern.
- eine konstante Gewinnausschüttung sicherzustellen, das heißt auch bei Verlusten.

2.2.2 Aktienarten

Eine **Aktie** ist ein Teilhaberpapier, welches ihrem Inhaber ein wirtschaftliches Miteigentum (ein Anteilsrecht) an einer Aktiengesellschaft einräumt. Als Gegenleistung bringt der Aktienkäufer eine bestimmte Menge an Kapital ein. Der Aktionär wird am Erfolg des Unternehmens, aber auch am Risiko beteiligt. Die Gewinnbeteiligung erfolgt mit der Ausschüttung von Dividenden. Durch die bevorzugte Auszahlung der Gläubiger von Anleihen bei Insolvenz ist der Aktienkauf zwar mit einem höheren Risiko verbunden, bringt aber möglicherweise auch eine höhere Rendite ein als eine Anleihe. Der Aktionär haftet aber nur in Höhe des von ihm eingesetzten Kapitals.

▶ Eine **Aktie** ist ein Teilhaberpapier, welches ein Miteigentum an einer Aktiengesellschaft garantiert.

Wie bereits erwähnt stellt der Nennwert aller Aktien das Grundkapital einer Aktiengesellschaft dar. Der Mindestnennwert muss 1 € betragen. Im Regelfall bilden Millionen von Aktien das Grundkapital. Der aktuelle an der Börse gehandelte Wert der Aktien ist meist höher als ihr Nennwert. Die Marktkapitalisierung des Unternehmens lässt sich bestimmen, indem man den die Anzahl aller sich im Umlauf befindlichen Aktien mit dem aktuellen Börsenkurs multipliziert.

> **Beispiel**
> Die Siemens AG hat insgesamt 850.000.000 Aktien ausgegeben, die zu 130,18 € gehandelt werden (Stand: 15.05.2017). Die aktuelle Marktkapitalisierung der Siemens AG errechnet sich somit wie folgt:
> 850.000.000 · 130,18 € = 110.659.800.000 € = 110,7 Mrd. €

Aktien weisen einige Unterschiede hinsichtlich ihrer Ausstattungsmerkmale auf. Diese Differenzen basieren vor allem auf der Gewährung unterschiedlicher Rechte. Die gängigsten Formen von Aktien sind die Stamm- und Vorzugsaktien. Hier wird nach Umfang der Aktionärsrechte unterschieden.

Stammaktien
Die **Stammaktien** gehören zu den gebräuchlichsten Formen von Aktien. Stammaktien werden in Deutschland am häufigsten gehandelt. Neben dem vollen Stimmrecht auf der Hauptversammlung verbrieft diese Aktienform dem Inhaber die üblichen gesetzlichen und satzungsgemäßen Rechte und Pflichten, welche im Aktiengesetz (AktG) sowie in der jeweiligen Satzung der AG definiert sind.

Vorzugsaktien
Im Gegensatz zur Stammaktie verbrieft eine **Vorzugsaktie** besondere Vorrechte. Diese Vorrechte erstrecken sich auf die Ansprüche auf Dividende, Stimmrechte, Bezugsrechte oder das Recht auf den Liquidationserlös. Eine besondere Form der Vorzugsaktie ist die stimmrechtlose Vorzugsaktie. Diese Aktie beinhaltet kein Stimmrecht. Solche stimmrechtlosen Vorzugsaktien werden mit der Absicht emittiert, die Stimmrechtverhältnisse in der Hauptversammlung nicht zu verschieben. Meist werden die Inhaber der Vorzugsaktie jedoch mit höheren Dividendenzahlungen entschädigt, was im Vergleich zur Stammaktie in einer höheren Rendite resultieren kann.

Mehrstimmrechtsaktien
Mehrstimmrechtsaktien sind Aktien, die bei gleichem Nennwert wie eine Stammaktie ein mehrfaches Stimmrecht beinhalten, was mit einem größeren Einflusspotenzial einhergeht. Der Sinn solcher Aktien besteht darin, einer bestimmten Gruppe von Aktionären eine stärkere Kontrolle in einer Gesellschaft zu verschaffen. Seit 1998 sind Mehrstimmrechtsaktien in Deutschland unzulässig (§ 12 Abs. 2 AktG). Für bestehende Mehrstimmrechtsaktien galt bis 2003 eine Übergangsfrist. Seitdem existiert diese Aktienform in Deutschland nicht mehr. Eine Ausnahme bildet das Bundeswirtschaftsministerium, welches diese Aktienform zur Wahrung gesamtwirtschaftlicher Interessen einsetzen darf.

Aktien können auch in Bezug auf den Grad der Übertragbarkeit unterschieden werden.

Inhaberaktie
Inhaberaktien lauten nicht auf den Namen des Aktionärs. Der Inhaber ist automatisch der Eigentümer der Aktie. Die Inhaberaktien können jederzeit und formlos übertragen werden. Die deutschen Aktiengesellschaften emittieren im Regelfall Inhaberaktien.

> **Beispiel**
> In der Satzung der Mobile AG steht die folgende Formulierung: „Das Grundkapital beträgt 80.234.324 € und ist eingeteilt in 80.234.324 Aktien im Nennwert von je 1 €. Die Aktien lauten auf den Inhaber."
> Auf der Aktie der Mobile AG steht: „Der Inhaber dieser Aktie mit dem Nennwert 1 € ist an der Mobile Aktiengesellschaft, München, nach Maßgabe ihrer Satzung als Aktionär beteiligt." Hierbei handelt es sich um eine Inhaberaktie mit Nennwert.

Namensaktie

Namensaktien werden auf den Namen einer natürlichen oder juristischen Person ausgestellt. Dabei ist der Aktionär verpflichtet, bestimmte Angaben zu seiner Person zu machen (zum Beispiel Geburtsdatum, Adresse, Stückzahl der gehaltenen Aktien). Der Eigentümer der Namensaktie ist im Aktienbuch der Gesellschaft eingetragen und ermöglicht somit eine direkte Kontaktaufnahme. Für die emittierende Gesellschaft bedeuten Namensaktien eine hohe Transparenz über ihren Aktionärskreis. Namensaktien können auch übertragen werden.

Vinkulierte Namensaktie

Eine besondere Form der Namensaktie ist die **vinkulierte Namensaktie.** Die Übertragung der Aktie auf einen anderen Aktionär kann nur unter der Zustimmung des Emittenten erfolgen. Somit behält der Emittent die Kontrolle über die Anlegerstruktur und kann bestimmte Gruppen vom Besitz seiner Aktien ausschließen und somit Übernahmen durch Dritte verhindern. Vinkulierte Namensaktien werden meist in Familienaktiengesellschaft ausgegeben oder in Sektoren, die hoher Sicherheit bedürfen (zum Beispiel Rüstungsindustrie).

Bei Aktienkursen findet man oft die Bezeichnung von Namens- und Inhaberaktien als Kürzel hinter dem Firmennamen. BASF N. steht beispielsweise für die Namensaktie der BASF SE. I steht für Inhaberaktie, Vz. steht für Vorzugsaktie.
Des Weiteren kann unterschieden werden, wie das Grundkapital definiert ist.

Nennwertaktien

Diese Aktien lauten auf einen bestimmten Nennbetrag. Die Nennwerte können unterschiedlich sein und somit zu unterschiedlichen Nennbeträgen emittiert werden. Einzige Voraussetzung ist, dass die **Nennwertaktien** nicht unter ihrem Nennbetrag emittiert werden.

Stückaktien

Seit 1998 ist in Deutschland die **Stückaktie** zugelassen. Sie werden auch als unechte nennwertlose Aktien bezeichnet, denn diese Aktien haben keinen Nennwert. Stückaktien haben alle den gleichen Anteil am Grundkapital der Gesellschaft und werden zu gleichen Teilen ausgegeben.

Quotenaktien
Quotenaktien werden auch echte Stückaktien genannt und sind nennwertlos. Quotenaktien benennen keinen Geldbetrag, sondern verbriefen einen bestimmten Anteil (Quote) am Eigenkapital der Gesellschaft. Bei 20.000 emittierten Aktien berechtigt eine Aktie beispielsweise zu 1/20.000 des Unternehmensvermögens. Während die Quotenaktien in Deutschland verboten sind, sind sie vor allem in den USA weit verbreitet.

Aktien können auch nach ihrer Verfügbarkeit unterschieden werden.

Vorratsaktien versus eigene Aktien
Für das emittierende Unternehmen besteht die Möglichkeit, einige seiner Aktien zurückzukaufen. Diese selbst erworbenen Aktien werden zum Bestand **eigener Aktien** (Treasury Stock) hinzugerechnet. In Deutschland erlaubt das Gesetz den Kauf eigener sich im Umlauf befindenden Aktien bis zu einer Menge von maximal 10 % des Grundkapitals. Der Rückkauf muss von der Hauptversammlung genehmigt werden.

Werden Aktien im Zuge einer Kapitalerhöhung an Dritte (zum Beispiel Vermögensverwalter, Bankenkonsortium) für Rechnung der emittierenden Gesellschaft übergeben, spricht man von **Vorratsaktien.** Vorratsaktien entstehen, wenn die Kapitalerhöhung höher ist als das tatsächliche benötigte Kapital. Diese Aktien gelangen nicht in den Umlauf und werden bis zu ihrer Verwendung von Dritten verwahrt.

Schließlich können Aktien nach dem Ausgabezeitpunkt differenziert werden.

Junge Aktien versus alte Aktien
Gibt eine Aktiengesellschaft zusätzlich zu den bereits sich im Umlauf befindenden neue Aktien aus, so werden diese als **junge Aktien** bezeichnet. Die Altaktionäre haben ein Bezugsrecht, um die neuen Aktien zu erwerben. Aktien, die bereits von Aktionären gehalten werden, sind dementsprechend die **alten Aktien.** Die Unterscheidung basiert auf den unterschiedlichen Dividendenzahlungen. Diese getrennte Notierung wird vernachlässigt, sobald die Dividendenansprüche angeglichen sind.

2.2.3 Rechte des Aktionärs

Unter anderem gehören die in Tab. 2.2 dargestellten Verwaltungs- und Vermögensrechte zu denen eines Aktionärs.

Tab. 2.2 Rechte des Aktionärs (Quelle: eigene Darstellung)

Verwaltungsrechte	
Recht auf Teilnahme in der Hauptversammlung	Auf der meistens einmal jährlich stattfindenden Hauptversammlung haben die Aktionäre die Möglichkeiten, Informationen über das Unternehmen einzuholen sowie Entscheidungen bezüglich der Gewinnverwendung, Erhöhung oder Herabsetzung des Kapitals oder Änderungen der Satzung oder Entlastung des Vorstandes und Aufsichtsrats zu treffen
Recht auf Information	Das Recht auf Informationen beinhaltet die Information über den rechtlichen und geschäftlichen Bereich des Unternehmens. Die Information dient meist als Basis für die Entlastung des Vorstandes und des Aufsichtsrats durch die Billigung der Arbeit der beiden Gremien durch die Aktionäre
Stimmrecht auf der Hauptversammlung	In der Regel verbrieft jede Aktie eine Stimme. Eine Ausnahme bilden hierbei die Mehrstimmrechtsaktien. Die Stimme wird entweder vom Aktionär oder aber von seiner depotführenden Bank ausgeübt und gibt dem Aktionär die Möglichkeit über Entscheidungen den Kurs des Unternehmens zu bestimmen
Vermögensrechte	
Recht auf anteilige Dividende	Jeder Aktienbesitzer hat einen Anspruch auf Gewinnbeteiligung. Die Höhe der ausgeschütteten Gewinne, der Dividende, wird auf der Hauptversammlung bestimmt. Je nach dem Anteil am Unternehmen fallen die Dividenden für jeden Aktionär unterschiedlich aus
Bezugsrecht	Das Bezugsrecht umfasst das Recht auf den Bezug von neu emittierten Aktien bei einer Kapitalerhöhung. Die Zuteilung hängt davon ab, wie viele Aktien des Unternehmens der Aktionär bereits besitzt
Recht auf Gratisaktien (Zusatz- oder Berichtigungsaktien)	Bei einer Kapitalerhöhung aus Gesellschaftsmitteln werden Gratisaktien oder Berichtigungsaktien ausgegeben. Die Höhe der zugeteilten Berichtigungsaktien ist abhängig von den bereits gehaltenen Aktien. Der Kursverlust, der mit der Kapitalerhöhung einhergeht, kann durch die Berichtigungsaktien ausgeglichen werden
Recht auf Liquidationserlös	Im Insolvenzfall einer Aktiengesellschaft haben die Aktionäre das Recht, einen Teil aus dem Liquidationserlös zu erhalten, jedoch erst nach der Befriedigung der finanziellen Ansprüche Dritter

2.2.4 Aktienemission

Aktien werden bei **Erstemissionen** (going public), Umwandlung einer Gesellschaft anderer Rechtsform, Ausgabe neuer Aktien bei einer Kapitalerhöhung oder einem Aktien-Split (Gratisaktien) emittiert. Aktiengesellschaften gehen an die Börse, wenn größere Mengen Eigenkapital benötigt werden, welche nicht über alternative Finanzierungsformen, beispielsweise über die Erhöhung des Gesellschaftskapitals, beschafft werden können. Das Kapital wird meist in größere Projekte, wie Entwicklung neuer Technologien oder allgemein für den Ausbau der Marktposition, investiert.

Für die Aktiengesellschaft besteht die Möglichkeit, die Wertpapiere in Selbstemission auszugeben. In der Regel jedoch begibt die emittierende Gesellschaft die Aktien nicht selbst. Die Emission wird meistens von einem Zusammenschluss mehrerer Banken, einem Bankenkonsortium, oder einem einzelnen Kreditinstitut übernommen (Fremdemission). Wenn das Bankenkonsortium oder das einzelne Kreditinstitut alle Aktien aufkauft, um diese selbst auszugeben, handelt es sich um eine Übernahme durch das Übernahmekonsortium oder die Übernahmebank. Dabei liegt das Risiko der vollständigen Emission bei dem Konsortium bzw. der Bank. Bleibt das Risiko beim emittierenden Unternehmen, so spricht man von einer Begebung oder einer kommissionsweisen Übernahme.

Die **Emission der Aktien** kann öffentlich oder privat stattfinden. Bei privaten Platzierungen wird ein bestimmter Investorenkreis angesprochen, wobei privat platzierte Wertpapiere meist nicht an der Börse gehandelt werden. Bei einer öffentlichen Platzierung werden die Wertpapiere dagegen allen zugänglich gemacht. Dabei werden drei Verfahren unterschieden: das **Festpreisverfahren,** das **Bookbuilding-Verfahren** sowie das **Auktionsverfahren** (Tenderverfahren).

▶ **Merke!** Die **Emission** der Aktien kann privat oder öffentlich erfolgen.

2.2.4.1 Festpreisverfahren

Das **Festpreisverfahren** zeichnet sich dadurch aus, dass der Emissionspreis der Aktie bereits vor der Platzierung festgelegt wird. Diese Vereinbarung wird von der emittierenden Gesellschaft alleine oder in Zusammenarbeit mit dem Bankenkonsortium, dem Konsortialführer, übernommen. Die Einschätzung des Preises basiert auf den aktuellen Börsenkursen ähnlicher Unternehmen, der aktuellen Marktlage, auf der Unternehmensbewertung des Emittenten sowie der erwarteten Investorennachfrage. Nach Bekanntgabe des Preises haben die Anleger die Möglichkeit, ihre Mengenvorschläge oder Zeichnungsangebote zu unterbreiten. Da der festgelegte Preis nur eine Einschätzung ist, weichen die Vorschläge der Anleger häufig von diesem Preis ab. Ist die Nachfrage größer als das Angebot, kommt es zu Überzeichnungen. Das heißt, der von den Anlegern akzeptierte Preis liegt über dem Angebot des Emittenten. In diesem Fall schließt die Zeichnung vorzeitig. Übersteigt das Angebot die Nachfrage, so kommt es zu Unterzeichnungen. Da der Käuferkreis für die Aktien in dem Fall zu klein ist, übernimmt das Bankenkonsortium einen Teil der Aktien.

Das Festpreisverfahren war vor allem in den 1990er Jahren ein beliebtes Verfahren zur Emission von Aktien. Eine breitere Anwendung findet heute jedoch das sogenannte Bookbuilding-Verfahren.

2.2.4.2 Bookbuilding-Verfahren

Das **Bookbuilding-Verfahren** ist ein ursprünglich aus den USA stammendes und mittlerweile international sehr etabliertes Verfahren. Es unterscheidet sich von Festpreisverfahren dadurch, dass die potenziellen Anleger an der Preisfindung teilnehmen. Die Investoren bekommen lediglich eine feste Preisspanne sowie eine Zeichnungsfrist vorgegeben und entscheiden über die Menge sowie den Preis, den sie bereit sind zu zahlen. Diese dynamische Preisfindung erlaubt die Ermittlung eines marktgerechten Emissionspreises.

2.2 Beteiligungsfinanzierung emissionsfähiger Unternehmen

Das Bookbuilding-Verfahren läuft in vier Phasen ab:

Pre-Marketing-Phase
Nachdem der Konsortialführer gewählt wurde, richtet sich die Pre-Marketing-Phase an große, institutionelle Investoren, wie Versicherungen. In dieser Phase werden Veranstaltungen in Form von Pressekonferenzen und Unternehmenspräsentationen durchgeführt. Aus den unverbindlich abgegebenen Angeboten wird eine Preisspanne festgelegt.

Marketing-Phase
In der Marketing-Phase wird der zuvor festgelegte Preisrahmen bekannt gegeben. Diese Phase ist durch eine gezielte Ansprache der institutionellen Anleger gekennzeichnet. Dies geschieht in der Regel durch Roadshows, welche in den Finanzmetropolen stattfinden.

Order-Taking-Phase
In der Order-Taking-Phase werden Angebote gesammelt. Neben institutionellen Anlegern werden nun auch die privaten Investoren hinzugezogen. Die Zeichnungswünsche beinhalten den Preis sowie die Menge, die der Investor zu seinem angegebenen Preis erwerben möchte und müssen meist innerhalb von zwei Wochen eingereicht werden. Aus allen Zeichnungsangeboten wird der endgültige Emissionspreis ermittelt.

Zuteilungsphase
In der Zuteilungsphase werden nun die Aktien den Anlegern zugeteilt. Die Anleger, deren Zeichnungsangebot unter dem Emissionspreis lag, werden ausgeschlossen. Alle anderen Investoren können die Aktien zum Emissionspreis beziehen, auch wenn deren Gebot über dem Preis lag. Bei überzeichneten Emissionen legt der Konsortialführer für einen Teil der Aktien Zuteilungsquoten fest. Die Konsortialbanken haben des Weiteren die Möglichkeit, eine bestimmte Anzahl der Aktien in eigener Regie unterzubringen, beispielsweise bei Privatkunden.

> **Merke!** Das **Bookbuilding-Verfahren** kann in vier Phasen eingeteilt werden: Pre-Marketing-Phase, Marketing-Phase, Order-Taking-Phase und Zuteilungsphase.

2.2.4.3 Auktionsverfahren (Tenderverfahren)

Bei einem Auktionsverfahren geben die potenziellen Investoren ebenfalls ihre Preis- und Mengenangebote innerhalb einer bestimmten Zeitspanne an den Emittenten ab. Nach Auktionsende erfolgt die Zuteilung der Aktien an die Investoren mit den höchsten Geboten. Danach werden die Aktien so lange zugeteilt, bis das Emissionsvolumen erschöpft ist. Die Anleger mit den Geboten, die unter dem Emissionspreis liegen, werden nicht bedient.

Im Gegensatz zum Festpreis- und Bookbuilding-Verfahren können die Emittenten bei einem Auktionsverfahren nicht bestimmen, wie sich die Investorenstruktur zusammensetzt. Aus diesem Grund stößt dieses Verfahren vor allem bei institutionellen Anlegern auf Widerstand.

2.2.5 Kapitalerhöhung bei Aktiengesellschaften

Der Aktienmarkt kann von Unternehmen neben der Erstemission von Aktien auch zur weiteren Erweiterung der Kapitalbasis genutzt werden, sprich zur Kapitalerhöhung. Diese wird auf der Hauptversammlung beschlossen und erfordert eine qualifizierte 3/4-Mehrheit. Die Kapitalerhöhung kann verschiedene Formen annehmen. Hauptsächlich lassen sich die effektive und die nominelle Kapitalerhöhung unterscheiden.

2.2.5.1 Effektive Kapitalerhöhung

Die effektive Kapitalerhöhung umfasst eine ordentliche, bedingte oder genehmigte Kapitalerhöhung. Im Regelfall wird die ordentliche Kapitalerhöhung durchgeführt, um kurzfristig das notwendige Kapital zu beschaffen. Diese Kapitalerhöhung gegen Einlagen beinhaltet die Ausgabe neuer Aktien, das heißt junger Aktien. Hierbei wird das Grundkapital des Unternehmens durch die Emission neuer Aktien um den Nennbetrag erhöht. Aktionäre, die bereits Aktien an dem emittierenden Unternehmen halten, haben bei den neu emittierten Aktien ein Bezugsrecht im Verhältnis ihrer Aktienanteile.

Im Unterschied zur ordentlichen Kapitalerhöhung wird die bedingte Kapitalerhöhung nur in seltenen Fällen durchgeführt. Sie zeichnet sich durch zwei Merkmale aus. Die Durchführung der bedingten Kapitalerhöhung darf nur erfolgen, wenn von einem unentziehbaren Umtausch- oder Bezugsrecht Gebrauch gemacht wird. Das heißt, dass das einmal gewährte Recht nicht wieder entzogen werden kann. Des Weiteren erfolgt die Ausgabe der jungen Aktien innerhalb der bedingten Kapitalerhöhung ausschließlich an Nichtaktionäre, das bedeutet, dass Altaktionäre kein Bezugsrecht haben. Die bedingte Kapitalerhöhung umfasst beispielsweise den Tausch von Wandelanleihen in Aktien oder der Erwerb von Aktien durch Optionsanleihenbesitzer, die Vorbereitung einer bevorstehenden Fusion oder die Ausgabe von Belegschaftsaktien.

Die genehmigte Kapitalerhöhung umfasst das Recht der Hauptversammlung, den Vorstand der Aktiengesellschaft dazu zu ermächtigen, das Grundkapital bis zu einem genehmigten Betrag innerhalb einer Zeitspanne von fünf Jahren zu erhöhen. Das Grundkapital darf jedoch höchstens um die Hälfte erhöht werden. Der Beschluss der Hauptversammlung wird im Vorfeld getroffen und erlaubt somit eine schnelle Kapitalbeschaffung.

▶ **Merke!** Die **effektive Kapitalerhöhung** kann in eine ordentliche, bedingte oder genehmigte Kapitalerhöhung eingeteilt werden.

2.2.5.2 Nominelle Kapitalerhöhung

Die nominelle Kapitalerhöhung ist die Kapitalerhöhung aus Gesellschaftsmitteln, das heißt, dem Unternehmen fließen keine Mittel zu. Eine nominelle Kapitalerhöhung ändert nicht die Höhe, sondern die Zusammensetzung des Eigenkapitals. Dabei werden Gewinn- oder Kapitalrücklagen in gezeichnetes Kapital umgewandelt. Die Erhöhung des Grundkapitals resultiert in der Ausgabe von Gratisaktien, auch Berichtigungsaktien genannt, an die Altaktionäre.

2.2.6 Aktienbewertung

Der Wert einer Aktie kann auf mehrere unterschiedliche Arten ausgedrückt werden, beispielsweise als Börsenkurs, Ertragswertkurs, Bilanzkurs oder auf Grundlage des Kurs-Gewinn-Verhältnisses (KGV).

Der **Börsenkurs** der Aktie wird, wie der Name sagt, an der Börse festgelegt und ergibt sich aus dem Angebot und der Nachfrage während eines Handelstages. Der Ertragswertkurs einer Aktie orientiert sich am erwarteten Gewinn je Aktie, das heißt der auf die Gegenwart abgezinsten zukünftigen Dividende. Der **Ertragswertkurs** bezieht sich auf den inneren Wert einer Aktie unter der Berücksichtigung der Ertragsentwicklung. Entscheidend für die Berechnung ist der gewählte Betrachtungszeitraum sowie die Dividendenhöhe und -verteilung. Der bilanzielle Wert einer Aktie kann am Bilanzkurs abgelesen werden. Der **Bilanzkurs** ergibt sich aus dem Verhältnis von bilanziellem Eigenkapital zur Anzahl der Aktien laut gezeichnetem Kapital und gibt somit an, wie viel Eigenkapital auf jede Aktie entfällt – aus Sicht der Bilanz. Rechnet man dem bilanziellen Eigenkapital die stillen Reserven hinzu, so erhält man den korrigierten Bilanzkurs.

Eine weitere wichtige Kennzahl der Aktienbewertung ist das **Kurs-Gewinn-Verhältnis** (KGV). Man erhält das KGV aus der Relation zwischen dem aktuellen Börsenkurs der Aktie und den für einen bestimmten Vergleichszeitraum erwarteten Gewinn pro Aktie. Das Ergebnis ist ein Indiz dafür, ob der Börsenkurs einer Aktie im Verhältnis zu der Gewinnerwartung fair ist. Bei einem eher niedrigen KGV ist eine Aktie unterbewertet, also günstig. Ein hohes KGV steht für überbewertete Aktien. Das KGV als Zahl sollte grundsätzlich im Zeitverlauf beobachtet werden und mit den KGV-Zahlen anderer Unternehmen in der Branche verglichen werden. Die Aktien mit einem niedrigen KGV werden bevorzugt. Als Faustregel gilt: Die Aktie mit einem KGV unter 12 ist preiswert, Werte über 20 deuten auf teure Aktien hin.

> **Beispiel**
>
> Die Brock AG erzielt pro Jahr einen Gewinn von 80 Mio. € bei einem Aktienkurs von 10 € je Aktie. Insgesamt hat die Firma 100 Mio. Aktien im Umlauf. Der Gewinn pro Aktie entspricht demnach 0,8 € (80 Mio./100 Mio.). Das KGV beträgt demzufolge:
>
> $$KGV = \frac{10}{0,8} = 12,5$$

2.2.7 Aktienanalyse

Die Aktienanalyse gilt als Basis für Kauf- und Verkaufsentscheidungen bei Aktien, wobei zwei Analysearten unterschieden werden:

- Fundamentalanalyse
- Technische Analyse

Zudem geht man davon aus, dass sich der Aktienkurs durch die Random-Walk-Hypothese beschreiben lässt, sofern der Kapitalmarkt effizient ist.

Random-Walk-Hypothese (Hypothese der symmetrischen Irrfahrt)
Nach der **Random-Walk-Hypothese** folgt die Entwicklung des Aktienkurses einem Zufallsprinzip („Random Walk") und ist somit nicht vorhersagbar. Die Voraussetzung für die Random-Walk-Hypothese ist ein informationseffizienter Kapitalmarkt. In einem informationseffizienten Markt werden alle verfügbaren Informationen sofort in den Aktienpreisen widergespiegelt. Der Kurs beruht einzig auf der Schätzung der Marktteilnehmer über den inneren Wert einer Aktie. Die Preisschwankungen, die aus diesen Schätzungen resultieren, bewegen sich um den inneren Wert. Der informationseffiziente Kapitalmarkt verarbeitet alle Einschätzungen sofort im Aktienkurs und macht Kursprognosen dadurch unmöglich.

Fundamentalanalyse
Die **Fundamentalanalyse** geht davon aus, dass die Kursentwicklung von Aktien durch den inneren Wert, also den fairen Preis, einer Aktie bestimmt wird. Dieser innere Wert wird mit dem aktuellen Kurswert der Aktie verglichen. Dabei gilt, wenn der innere Wert der Aktie höher ist als der Kurswert, so wird der Kurswert steigen und andersrum. Der Kurswert sinkt, wenn der innere Wert kleiner ist als der Börsenwert.

> ▶ **Merke!** Die **Fundamentalanalyse** geht davon aus, dass die Kursentwicklung von Aktien durch ihren inneren Wert bestimmt wird.

Die durch die fundamentale Analyse ermittelten Werte können als eine Empfehlung dienen. Wenn der innere Wert größer ist als der Kurswert, sollte die Aktie gekauft werden, da sie unterbewertet ist. Falls der innere Wert kleiner ist als der Kurswert, sollte die Aktie verkauft werden, da sie überbewertet ist.

Da die Fundamentalanalyse hauptsächlich auf den Unternehmensdaten und denen des Umfelds basiert, ist sie aus diesem Grund immer subjektiv und liefert folglich unterschiedliche innere Werte der Aktie. Grundsätzlich wird zur Ermittlung des inneren Werts zuerst der Wert der Aktiengesellschaft festgestellt und durch die Gesamtzahl der Aktien geteilt. Die Gesamtanalyse erfolgt in mehreren Schritten und kann nach dem Top-down-Ansatz oder dem Bottom-up-Ansatz erfolgen. Bei beiden Ansätzen werden die gesamtwirtschaftlichen Daten, branchenspezifische Daten und Unternehmensdaten untersucht. Der Unterschied besteht lediglich in der Reihenfolge. Ein Fundamentalanalyst nimmt an, dass der Börsenkurs der Aktie von diesen Daten stark beeinflusst wird und sich somit prognostizieren lässt. Die einzelnen Schritte sind in Tab. 2.3 dargestellt.

Diese Daten der Makro-, Branchen- und Unternehmensanalyse dienen als Basis für die Einschätzung der zukünftigen Gewinnentwicklung des Unternehmens, von welcher der innere Wert der Aktie abhängt.

Tab. 2.3 Schritte der Fundamentalanalyse (Quelle: eigene Darstellung)

Analyse	Untersuchungsgegenstand
Makroanalyse	Aktuelle konjunkturelle Lage national und international, wie z. B. Inflationsrate Zinsniveau Währung Auslandsverschuldung Wirtschaftswachstum
Branchenanalyse	Internationale und nationale Analyse der aktuellen Lage und der zukünftigen Entwicklung der Branche des Emittenten Analyse der Wettbewerber Marktbarrieren Steuerliche oder gesetzgeberische Einflussnahmen
Unternehmensanalyse	Analyse der Kennzahlen des Unternehmens, basierend auf Geschäftsberichten und anderen zugänglichen Informationen Wachstum Finanzlage Wettbewerbsstellung

Grundsätzlich gibt es derzeit kein einheitliches Vorgehen zur Bestimmung des inneren Werts. Das Gewinnmodell stellt das einfachste Modell dar. Das Modell geht von einem Nullwachstum des Unternehmens und damit einer jährlich konstanten Dividende aus. Bei einer 100-prozentigen Ausschüttung entspricht die Dividende dem Jahresüberschuss pro Aktie. Der theoretische Aktienpreis ist nach dem Gewinnmodell der zukünftig erwartete konstante Jahresüberschuss pro Aktie (EPS = earnings per share), welcher mit dem **Eigenkapitalkostensatz** diskontiert wird. Der Eigenkapitalkostensatz ist die von den Eigenkapitalgebern erwartete Rendite.

$$PV = \frac{EPS}{K_{EK}}$$

Wobei:
PV = Barwert der Aktie
EPS = erwarteter Jahresüberschuss pro Aktie
K_{EK} = Eigenkapitalkostensatz

Beispiel
Der (gleichbleibende) Jahresüberschuss je Aktie der Löwen AG beträgt EPS = 2,50 €, der Eigenkapitalkostensatz K_{EK} = 10 %. Der Barwert der Aktie entspricht:

$$PV = \frac{2,50}{0,1} = 25$$

Technische Analyse

Der Fokus der **technischen Analyse** liegt ausschließlich auf den historischen Börsendaten und dem Kursverlauf. In der Fachwelt wird diese Form der Aktienanalyse eher kritisch betrachtet, da sie ausschließlich auf der Auswertung der Kursdiagramme basiert und deren Verlauf in der Vergangenheit. Im Gegensatz zur Fundamentalanalyse werden die betriebswirtschaftlichen Daten und das volkswirtschaftliche Umfeld des Unternehmens außer Acht gelassen.

▶ Die **technische Analyse** fokussiert sich ausschließlich auf historische Börsendaten und den Kursverlauf.

Die in der technischen Analyse verwendeten Kursdiagramme, auch **Charts** genannt, geben Aufschluss darüber, wann der perfekte Zeitpunkt für den Kauf oder Verkauf von Aktien eintritt. Die Charttechniker gehen davon aus, dass bestimmte Muster und Formationen entscheidend für die Kursrichtung sind. Dabei gilt das aus der Psychologie bekannte Phänomen der sich selbsterfüllenden Prophezeiung. Erwarten die Investoren bestimmte Kursbewegungen, werden bestimmte Handlungen vorgenommen (zum Beispiel Verkauf von Aktien), was zu einer Kurssteigerung oder einem Kursverfall führt.

Charts existieren in unterschiedlichen Ausführungen und stellen den grafischen Kursverlauf über eine bestimmte Periode in der Vergangenheit dar. Die gängigsten Chart-Formen sind **Liniencharts** (vgl. Abb. 2.1) und **Kerzencharts** (vgl. Abb. 2.2).

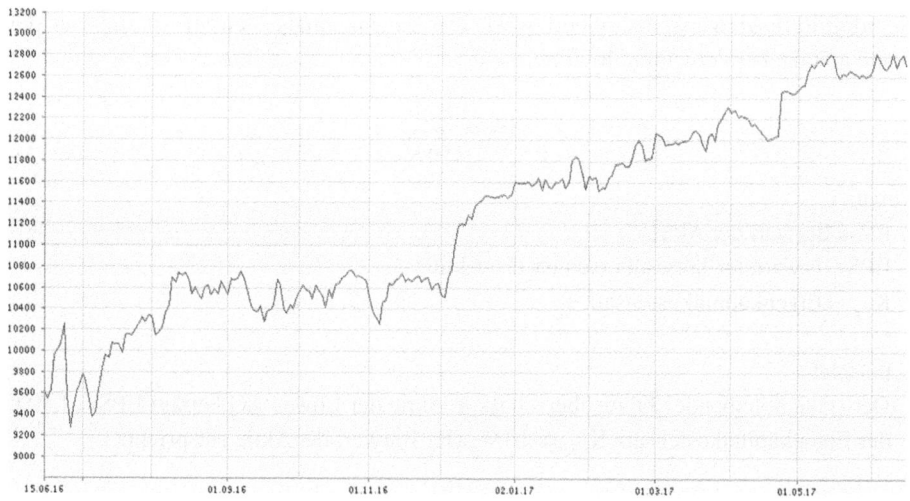

Abb. 2.1 DAX-30-Linienchart Juni 2016-Mai 2017 (Stand 16.06.2017) (Quelle: Finanzen.net 2017b)

2.2 Beteiligungsfinanzierung emissionsfähiger Unternehmen

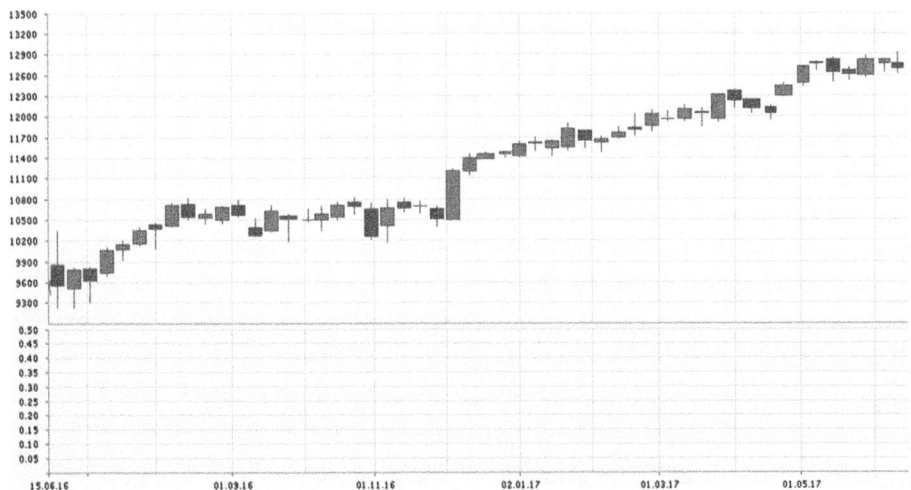

Abb. 2.2 DAX-30-Kerzenchart Juni 2016-Mai 2017 (Stand 16.06.2017) (Quelle: Finanzen.net 2017a)

Nach der Betrachtung bestimmter Kursformationen, welche sich wiederholen, lässt sich der Trend eines Kurses feststellen. Dieser Trend, welcher ein Abwärts- oder ein Aufwärtstrend sein kann, gilt als ein Frühwarnsignal und lässt den weiteren Kursverlauf der Aktie prognostizieren.

Die **gleitenden Durchschnitte** gehören zu einer Methode der Analysetechnik und sind ein Indikator für den Durchschnittskurs einer Aktie über eine bestimmte Periode. Häufig werden die 38-Tage-, 100-Tage- oder die 200-Tage-Linien verwendet. Die Durchschnittslinie signalisiert, ob die Aktie gekauft oder verkauft werden soll. Wird die Durchschnittslinie von unten nach oben durchbrochen, kann man dies als ein Kaufsignal deuten. Wenn der Aktienkurs die Durchschnittslinie von oben nach unten durchbricht, ist das als ein Verkaufssignal zu werten (vgl. Abb. 2.3).

An diesem Beispiel sieht man, dass der Durchbruch der Kurslinie durch den gleitenden Durchschnitt nach unten Mitte Juni 2016 ein Verkaufssignal war.

Eine weitere Methode der technischen Analyse ist der sogenannte **Trendkanal.** Dazu wird der Kursverlauf betrachtet und die Hoch- und Tiefpunkte des Verlaufs identifiziert. Diese Punkte bezeichnet man als Widerstands- und Unterstützungslinien. Verlaufen die Linien parallel, lässt sich ein Trend erkennen. Die Linien bilden in dem Fall einen Trendkanal. Die Aktienkurse bewegen sich zwischen den sinkenden Hoch- und Tiefpunkten (Abwärtstrend) und den steigenden Hoch- und Tiefpunkten (Aufwärtstrend). Wenn der Kurs die Linie nach oben durchbricht, so signalisiert dies steigende Kurse und umgekehrt (vgl. Abb. 2.4).

Auch hier sieht man gut, dass sich der Kurs das ganze Jahr im Trendkanal bewegt hat. Da der DAX-Index nicht aus dem Trendkanal ausgebrochen ist, ist der Trend intakt. Es liegt weder ein Kauf- noch ein Verkaufssignal vor.

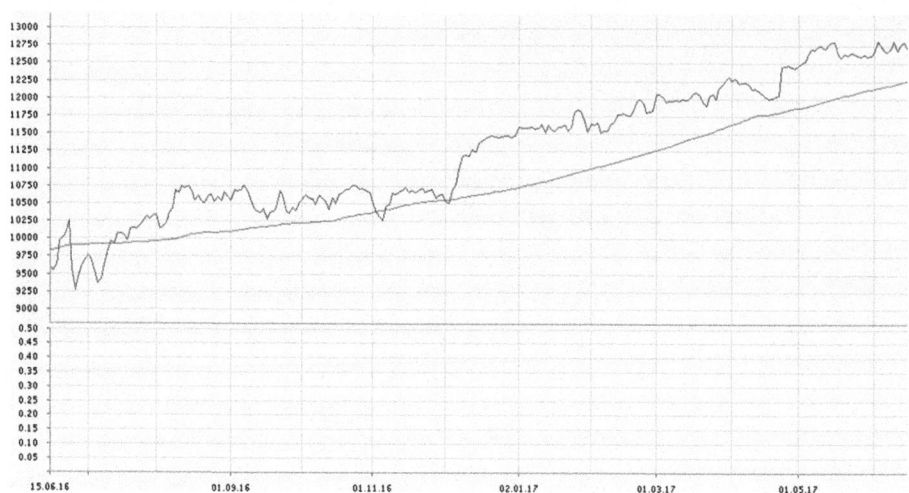

Abb. 2.3 DAX-30-Linienchart Juni 2016-Mai 2017 mit gleitendem Durchschnitt (Stand 16.06.2017) (Quelle: Finanzen.net 2017d)

Abb. 2.4 DAX-30-Linienchart Juni 2016-Mai 2017 mit Trendkanal (Stand 16.06.2017) (Quelle: Finanzen.net 2017e)

Das **Momentum** spielt in der technischen Analyse eine wichtige Rolle. Das Momentum ist ein Indikator dafür, wie stark und wie schnell sich die Kurse im Verhältnis zum aktuellen Kursniveau bewegen. Das Momentum berechnet den Trend der Kursentwicklung. Bestimmt wird das Momentum anhand der Kursdifferenz für eine bestimmte Zeitperiode. Zeitperioden können unterschiedlich sein und beispielsweise zehn Tage umfassen. In diesem Fall wäre das Momentum die Differenz zwischen dem aktuellen Schlusskurs und dem Schlusskurs, welcher vor zehn Tagen feststand. Entscheidendes Merkmal des Momentums ist, ob es steigt oder fällt und ob dieses unter oder über der Signallinie, der sogenannten Nulllinie, verläuft.

Ein Aufwärtstrend ist erkennbar, sobald das positive Momentum sich über der Nulllinie befindet. Bei einem steigenden Momentum in diesem Bereich beschleunigt sich der Aufwärtstrend. Ein fallendes Momentum im positiven Bereich deutet dagegen einen bremsenden Aufwärtstrend an. Ein negatives Momentum wird unter der Nulllinie eingetragen. Ein fallendes Momentum unter der Nulllinie ist ein Indiz für einen sich beschleunigenden Abwärtstrend, ein steigendes Momentum unter der Nulllinie steht für einen nachlassenden Abwärtstrend, der sich nicht fortsetzt. Abbildung 2.5 zeigt ein 12-Tage-Momentum für den DAX.

Die technische Analyse wird unter den Experten häufig kritisch betrachtet. Kritisiert wird vor allem die Tatsache, dass die historischen Kurse keine Prognosen zur künftigen Kursentwicklung erlauben. Aktienfonds ziehen aus diesem Grund die Fundamentalanalyse vor. Die technische Analyse wird meist von Privatinvestoren genutzt.

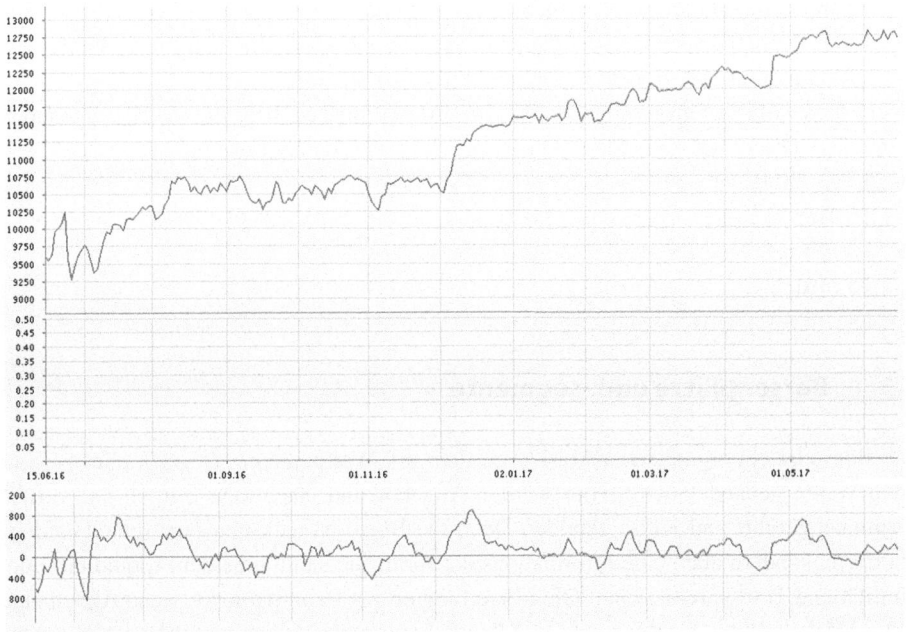

Abb. 2.5 DAX-30-Linienchart Juni 2016-Mai 2017 mit 12-Tage-Momentum (Stand 16.06.2017) (Quelle: Finanzen.net 2017c)

Fragen zur Lernkontrolle
1. Welche der folgenden Positionen gehört nicht zum Eigenkapital einer Aktiengesellschaft?
   - ☐ Grundkapital
   - ☐ Gewinnrücklagen
   - ☐ Stammkapital
   - ☐ Gewinnvortrag
2. Die Buch AG erzielt pro Jahr einen Gewinn von 20 Mio. € bei einem Aktienkurs von 10 € je Aktie. Insgesamt hat die Firma 100 Mio. Aktien im Umlauf. Der Gewinn pro Aktie entspricht demnach 0,2 € (20 Mio./100 Mio.). Das Kurs-Gewinn-Verhältnis beträgt demzufolge:
   - ☐ 36
   - ☐ 50
   - ☐ 60
   - ☐ 80
3. Welche der folgenden Aussagen über die Aktienanalyse sind korrekt?
   - ☐ Der Fokus der Fundamentalanalyse liegt ausschließlich auf den historischen Börsendaten.
   - ☐ Das Momentum ist ein Teil der technischen Analyse und ein Indikator dafür, wie stark und wie schnell sich die Kurse im Verhältnis zum aktuellen Kursniveau bewegen.
   - ☐ Nach der Random-Walk-Hypothese folgt die Entwicklung des Aktienpreises einem Zufallsprinzip und ist somit nicht vorhersagbar.
   - ☐ Der Kerngedanke der Fundamentalanalyse ist, dass die Kursentwicklung von Aktien durch den Börsenwert einer Aktie bestimmt wird.
4. Die Lose AG hat insgesamt 100.000.000 Aktien ausgegeben, die zu 50 € gehandelt werden. Die aktuelle Marktkapitalisierung der Lose AG ergibt somit:
   - ☐ 500.000 €
   - ☐ 5 Mio. €
   - ☐ 50 Mio. €
   - ☐ 5 Mrd. €

2.3 Börsenplätze und -segmente

Die **Börse** ist ein organisierter Markt, auf dem mit Wertpapieren, Devisen oder bestimmten Waren gehandelt wird. Hier werden Angebot und Nachfrage zeitlich und örtlich zusammengeführt und Kurse gebildet. Doch die Börse ist nicht nur eine reine Handelsplattform, sondern auch eine Informationsplattform. Sie stellt außerdem Liquidität, Fungibilität und Transparenz sicher. Die Börse fungiert als **Primärmarkt,** wenn Aktien zum ersten Mal emittiert werden und das Unternehmen unmittelbar betroffen ist. Sie wird zum **Sekundärmarkt,** wenn Käufer und Verkäufer Wertpapiere handeln, ohne dass das Unternehmen direkt betroffen ist.

2.3 Börsenplätze und -segmente

▶ Die **Börse** ist ein organisierter Markt, auf dem mit Wertpapieren, Devisen oder bestimmten Waren gehandelt wird.

Grundsätzlich gibt es zwei Zugänge zum Kapitalmarkt. Zum einen können Unternehmen über den EU-regulierten Markt, den **Regulierten Markt,** und zum anderen über den börsenregulierten Markt, den **Freiverkehr,** emittieren. Im Regulierten Markt hat die Frankfurter Wertpapierbörse seit 2003 die Börsensegmente General Standard und Prime Standard etabliert, während im Freiverkehr 2017 das Börsensegment Scale als Nachfolger des Entry Standards gegründet wurde.

Regulierter Markt
Nach der Auflösung der Börsenzulassungssegmente des amtlichen und geregelten Marktes wurde zum 01.11.2007 das von der EU geregelte Segment Regulierter Markt eingeführt. Für Unternehmen mit Aktien, welche auf dem regulierten Markt gelistet werden, gelten weit striktere Regeln und Bedingungen als für die Aktiengesellschaften, welche im Freiverkehr emittieren. So muss jedes Unternehmen vor seiner Aufnahme ein Zulassungsverfahren durchlaufen. Eine weitere Voraussetzung ist, dass das Unternehmen seit drei Jahren existiert und mindestens 10.000 Aktien emittiert hat. Das vorzuweisende Zulassungsprospekt muss Bilanzen, die Gewinn- und Verlustrechnung und die Kapitalflussrechnung der letzten drei Jahre beinhalten. Des Weiteren müssen sich mindestens 25 % der Aktien im Streubesitz befinden.

Freiverkehr (Open Market)
Aus dem geregelten und dem ungeregelten Freiverkehr entstand 1987 der Freiverkehr, der 2005 in Open Market umbenannt wurde. Im Open Market sind für Anleger weniger Informationen über die emittierenden Unternehmen verfügbar als im geregelten Markt. Die Emittenten sind beispielsweise nicht dazu verpflichtet Informationen bezüglich ihres Unternehmens zu veröffentlichen. Auch sind sie von der Pflicht befreit, Ad-hoc-Mitteilungen zu veröffentlichen.

General Standard
Die Zulassung der Emission auf dem regulierten Markt beinhaltet eine automatische Aufnahme in den General Standard. Das bedeutet, die Mindestanforderungen im General Standard umfassen die Ad-hoc-Publizitätspflicht für kursbeeinflussende Nachrichten, Anwendung der internationalen Rechnungsstandards sowie die Veröffentlichung von Zwischenberichten. Dieses Segment wird in erster Linie von Unternehmen genutzt, welche nationale Investoren ansprechen wollen, sowie von kleineren bis mittelgroßen Unternehmen mit geringem Mindestkapital.

Prime Standard
Um im Prime Standard gelistet zu werden, muss erst eine Zulassung zum General Standard erfolgen. Denn der Prime Standard erfordert zu den gesetzlichen Mindestanforderungen des geregelten Marktes und somit des General Standards zusätzliche

Voraussetzungen. Die Aufnahme in den Prime Standard ermöglicht eine Listung in den Auswahlindizes DAX, MDAX, TecDAX, and SDAX. Der Prime Standard wird vor allem von Unternehmen genutzt, die Investoren auf internationaler Ebene ansprechen wollen. Besonders hoch sind die Transparenzvoraussetzungen. Dazu gehören Abschluss nach IFRS/IAS oder US GAAP, Veröffentlichung von Quartalsberichten, Veröffentlichung eines Unternehmenskalenders mit den wichtigsten Terminen, Veröffentlichung von Ad-hoc-Mitteilungen und mindestens eine Analystenveranstaltung im Jahr. Alle Veröffentlichungen müssen in Deutsch und Englisch erfolgen.

Scale
Das Segment Scale existiert seit 2017 und ist ein Teilbereich des Freiverkehrs. Dieses Segment ist vor allem für kleine und mittlere, aber auch Wachstumsunternehmen eine im Vergleich zum General Standard schnellere und kostengünstigere Option zur Notierung von Wertpapieren, da die Teilnahmeanforderungen geringer sind. Zu den Anforderungen des Scale-Segments gehören die Veröffentlichung eines testierten Konzern-Jahresabschlusses und eines Zwischenberichts für das erste Halbjahr, ein Unternehmenskalender, ein Firmenportrait und die Veröffentlichung von Ad-hoc-Mitteilungen.

Unterhalb von Scale gibt es bei der Frankfurter Börse noch ein Basis-Segment (**Basic Board**). Hier werden Aktien von Unternehmen gehandelt, die im Entry Standard gelistet waren, aber die strengeren Scale-Vorschriften nicht erfüllen. Außerdem gibt es das Segment **Quotation Board**, wo Wertpapiere auf Antrag eines Handelsteilnehmers gelistet werden können.

Over-the-Counter-Handel (OTC)
Nicht alle Wertpapiere werden an der Börse gehandelt. Eine Alternative zu der geregelten Börse bildet der **Over-the-Counter-Handel.** Der Handel erfolgt vorwiegend per Computer, aber auch mittels Telefon. Zwei Handelsformen sind verbreitet. Entweder stellt ein Emittent eines Wertpapiers als Market Maker Geld- und Briefkurse, zu dem er bereit ist, das entsprechende Wertpapier zu kaufen oder zu verkaufen. Oder Kauf- und Verkaufsinteressenten wenden sich an einen Makler, der das Geschäft vermittelt, aber selbst nicht als Käufer oder Verkäufer auftritt. Die Volumina der abgeschlossenen Geschäfte sind im OTC-Handel im Vergleich zur regulären Börse meist größer.

> ▶ **Merke!** Der **Over-the-Counter-Handel** findet außerbörslich statt und erfolgt vorwiegend per Computer, aber auch mittels Telefon.

Regionale Börsensegmente
Neben der Frankfurter Wertpapierbörse (FWB) existieren in Deutschland auch die sogenannten Regionalbörsen. Diese Handelsplätze umfassen:

- Börse Berlin
- Börsen Hamburg-Hannover
- Börse Düsseldorf
- Börse Stuttgart
- Börse München

Regionale Börsen bieten jungen, kleinen oder mittelständischen Unternehmen die Möglichkeit, am organisierten Kapitalmarkt teilzunehmen. Sie zeichnen sich meist durch eine hohe Spezialisierung aus. So hat sich die Hamburger Börse als Marktführer für offene Immobilienfonds etabliert, während die Börse Stuttgart verstärkt auf den Derivatehandel setzt.

Fragen zur Lernkontrolle
1. Die Börsenzugangsvoraussetzung, dass das Unternehmen seit drei Jahren existiert und mindestens 10.000 Aktien emittiert hat, gilt für …
   - ☐ … den Regulierten Markt
   - ☐ … den Open Market
   - ☐ … den Over-the-Counter-Markt
   - ☐ … die Börse Berlin
2. Nennen sie die Anforderungen des Prime Standards, des General Standards und des Scale-Segments.

   _____

   _____

   _____

3. Geben sie an, ob die folgende Aussage richtig oder falsch ist.
   „Für Unternehmen mit Aktien, welche auf dem regulierten Markt gelistet werden, gelten weit striktere Regeln und Bedingungen als für die Aktiengesellschaften, welche im Freiverkehr emittieren."
   - ☐ Richtig
   - ☐ Falsch

2.4 Merkmale nicht emissionsfähiger Unternehmen

Im Gegensatz zu den emissionsfähigen Unternehme haben nicht emissionsfähige Unternehmen keinen Zugang zur Börse und sind somit nicht in der Lage, Eigenkapital am organisierten Kapitalmarkt zu beschaffen. Diese Unternehmen haben häufig die Form eines Einzelunternehmens oder einer Personengesellschaft (OHG, KG, GmbH oder eG). Tab. 2.4 fasst die wichtigsten Merkmale von nicht emissionsfähigen Unternehmen zusammen.

Tab. 2.4 Merkmale nicht-emissionsfähiger Unternehmen (Quelle: in Anlehnung an Schäfer 2002, S. 152 ff.)

Merkmale	Gesellschaftsformen				
	Einzelkaufmann	OHG	KG	GmbH	eG
Eigentümer	Kaufmann	Gesellschafter	• Komplementäre • Kommanditisten	Gesellschafter	Genossen
Mindestanzahl der Gründer	1	2	• 1 • 1	1	7
Mindestkapital und -anteil	• kein festes Eigenkapital • keine Mindesteinlage vorgeschrieben	• kein festes Eigenkapital • keine Mindesteinlage vorgeschrieben	• Komplementäre wie Einzelkaufmann • Kommanditisten feste Einlage, Höhe nach Vereinbarung	• festes Stammkapital • mind. 25.000 € • Mindestanteil • 100 €	• kein festes Grundkapital • Mindesteinlage statuarisch festgelegt
Haftung	Unbeschränkt, persönlich	Gesamtschuldnerisch, jeder Gesellschafter haftet unmittelbar, unbeschränkt und solidarisch für die Schulden der Gesellschaft	Vor Eintragung ins Handelsregister haften alle Gesellschafter unbeschränkt, danach haften Komplementäre unbeschränkt und Kommanditisten bis zur Höhe ihrer Einlage	Gesellschaftsvermögen haftet in voller Höhe. Vor Eintragung ins Handelsregister haften alle Gesellschafter solidarisch, danach schulden die Gesellschafter nur ihre rückständigen Einlagen	Es haftet nur das Vermögen der Genossenschaft. Die Satzung kann Nachschüsse der Genossen an die Konkursmasse beschränkt oder unbeschränkt vorschreiben
Steuerliche Behandlung	Besteuerung der Gesellschafter durch Einkommensteuer			Körperschaftsteuer	Körperschaftsteuer mit Vergünstigung
Organe	Kaufmann	Gesellschafter	Komplementär	Geschäftsführer, Gesellschaftsversammlung, eventuell Aufsichtsrat	Vorstand, Aufsichtsrat, Generalversammlung (Mitglieder- oder Vertreterversammlung)

(Fortsetzung)

2.4 Merkmale nicht-emissionsfähiger Unternehmen

Tab. 2.4 (Fortsetzung)

Merkmale	Gesellschaftsformen				
	Einzelkaufmann	OHG	KG	GmbH	eG
Erfolgs-beteiligung	Nach Vorstellungen und finanziellen Möglichkeiten des Inhabers	4 % auf Einlage, Rest nach Köpfen	4 % auf Einlage, Rest angemessen	Nach Höhe der Geschäftsanteile	Nach Anteil am Geschäftsguthaben
Gesetzliche Vorschriften	HGB §§ 1–104	HGB, insbesondere §§ 105–160 BGB §§ 705–740	HGB, insbesondere §§ 105–177 BGB §§ 705–740	GmbH-Gesetz, HGB §§ 238–336	GenossenschaftsG, HGB §§ 336–339
Beispiele	Kleine und mittelständische Handwerksbetriebe, Einzelhändler, selten Großunternehmen	Typische Rechtsform der meisten mittelständischen, familiengeführten Unternehmen in Deutschland		Rechtsform von Unternehmen aller Branchen und Größenklassen, überwiegend kleine und mittelständische Unternehmen	Volks- und Raiffeisenbanken, Wohnungsbau-, Waren- und Konsumgenossenschaften, bäuerliche Bezugsgenossenschaften

Im Vergleich zu emissionsfähigen Unternehmen weisen die nicht emissionsfähigen Unternehmen einige Nachteile auf. Während bei Kapitalgesellschaften eine hohe Fungibilität der Aktien erhebliche Vorteile für den Anleger bietet, entfällt diese Möglichkeit bei einem nicht emissionsfähigen Unternehmen. Die Liquidierbarkeit ist somit sehr begrenzt, die Anteile können nicht zu jeder Zeit veräußert werden. Der Preis der Anteile kann außerdem nur schwer eingeschätzt werden, da die Preisfindung einer individuellen Vereinbarung unterliegt und nicht durch Angebot und Nachfrage bestimmt wird. Des Weiteren stellt die fehlende Institutionalisierbarkeit und Regulierung der Märkte einen Nachteil dar. Durch das Fehlen eines organisierten Marktes kann das Anlegerrisiko nur schwer beurteilt werden.

Im Gegensatz zu den emissionsfähigen Unternehmen, an welchen die Beteiligung mit bereits kleinen Beträgen möglich ist, bedarf es für Anteile an nicht emissionsfähigen Unternehmen meistens größerer Kapitalbeträge. Die Identifikation der Gesellschafter mit einem nicht emissionsfähigen Unternehmen ist darüber hinaus meist viel stärker ausgeprägt und nicht nur kapitalorientierter Natur. Durch die Aufnahme weiterer Anteilseigner wird das Mitsprache- und Mitentscheidungsrecht im Unternehmen beeinflusst. Eine schnelle Beschaffung von größeren Kapitalbeträgen ist bei nicht emissionsfähigen Unternehmen kaum möglich. Zur Beschaffung von Eigenkapital müssen diese Unternehmen auf Gewinnthesaurierung, Zuführung von privaten Mitteln der bisherigen Gesellschafter oder Aufnahme weiterer Gesellschafter zurückgreifen.

Fragen zur Lernkontrolle

1. Was trifft auf ein nicht emissionsfähiges Unternehmen zu?
   - ☐ Die Anteile nicht emissionsfähiger Unternehmen haben eine geringe Fungibilität.
   - ☐ Der Preis der Anteile wird überhaupt nicht durch Angebot und Nachfrage bestimmt.
   - ☐ Eine schnelle Beschaffung von größeren Kapitalbeträgen ist bei nicht emissionsfähigen Unternehmen kaum möglich.
   - ☐ Die Gewinnthesaurierung ist eine Form der Eigenkapitalbeschaffung für nicht emissionsfähige Unternehmen.
2. Welche der folgenden Unternehmen haben keinen Zugang zum Kapitalmarkt?
   - ☐ GmbH & Co KGaA
   - ☐ OHG
   - ☐ AG
   - ☐ eG
3. Zählen Sie drei Nachteile von nicht emissionsfähigen Unternehmen auf.

_____

_____

_____

2.5 Venture-Capital

Der Fachbegriff **Venture-Capital** bedeutet wörtlich übersetzt Risiko-, Chancen- oder Wagniskapital und findet seinen Ursprung in den USA. Eine Venture-Capital-Investition bezeichnet das Einbringen von Eigenkapital oder eigenkapitalähnlichen Finanzierungsinstrumenten ins Unternehmen. Dabei wird das Eigenkapital von Dritten, das heißt Investoren, während oder kurz vor der Gründungs- oder Frühphase der Unternehmensentwicklung bereitgestellt. Diese Form der Beteiligungsfinanzierung wird häufig von jungen, innovativen, technologieorientierten Unternehmen mit Wachstumspotenzial genutzt, deren Kapitalbedarf besonders in den ersten Jahren nach der Gründung hoch ist. Auch kleinere und mittelgroße Unternehmen nutzen diese Form der Eigenkapitalbeschaffung, um meist technische Neuinvestitionen zu finanzieren. Auf das bereitgestellte Kapital einer Risikokapitalgesellschaft (Venture-Capital-Gesellschaft) sind keine Zinsen zu entrichten, da es sich um Eigenkapital handelt. Das verbessert die Unternehmensliquidität. Das eingebrachte Eigenkapital erhöht zudem die Kreditwürdigkeit des Unternehmens und erleichtert damit die Aufnahme von Fremdkapital. Als Gegenleistung erhält die Venture-Capital-Gesellschaft Anteile am Unternehmen. Das Ziel des Venture-Capital-Investors ist es, diese Unternehmensteile nach erfolgreicher Expansion des Beteiligungsunternehmens gewinnbringend zu veräußern und einen möglichst hohen Return on Investment (ROI) zu erhalten. Allerdings lässt sich die Rentabilität erst nach Veräußerung der Anteile feststellen.

▶ **Venture-Capital** bezeichnet das Einbringen von Eigenkapital oder eigenkapitalähnlichen Finanzierungsinstrumenten ins Unternehmen.

Venture-Capital-Gesellschaften verbleiben meist drei bis acht Jahre im Unternehmen, wobei es möglich ist, die Anteile auch unbegrenzt zu halten. Neben der monetären Leistung unterstützt ein Venture-Capital-Unternehmen das Management des Beteiligungsunternehmens oft durch Beratungsleistungen und mit Geschäftsverbindungen (smart money).

Finanzierungsphasen
Die Finanzierungsphasen eines Unternehmens lassen sich in **Early-Stage-Financing** und **Expansion-Stage-Financing** einteilen. Kennzeichnend für die Early-Stage-Financing-Phase ist die folgende Gliederung:

Seed-Financing: In dieser Phase ist die Gründung des Unternehmens noch nicht vollzogen. Hier werden die Entwicklung des Unternehmenskonzeptes sowie Markt- und Wettbewerbsanalysen durchgeführt. Der Fokus liegt in dieser Phase auf Forschung und Entwicklung. Während der Seed-Financing-Phase ist das Risiko am höchsten, da die Unternehmensentwicklung nur eingeschätzt werden kann. Deshalb wird diese Phase überwiegend mit Eigenkapital der Unternehmensgründer und durch staatliche Fördermittel finanziert. Entscheidet sich eine Venture-Capital-Gesellschaft trotz des hohen Risikos dennoch bereits während des Seed-Financing, in das Unternehmen zu investieren, so spricht man von der Bereitstellung des Seed-Capital.

Start-up-Financing: Die in der Seed-Phase entwickelte Idee wird in der Start-up-Financing-Phase umgesetzt und das Unternehmen formaljuristisch gegründet. Hier folgt auch die Umsetzung des Prototyps sowie der Aufbau eines Fertigungs- und Vertriebsnetzes und des Marketingkonzeptes. In dieser Phase beginnt in den meisten Fällen die Venture-Capital-Finanzierung, da der Kapitalbedarf sich während des Start-up-Financing drastisch erhöht und das betriebswirtschaftliche Know-how gefragt wird. Eine Beteiligung durch Venture-Capital-Investoren ermöglicht es dem Unternehmen außerdem Fremdkapital aufzunehmen.

First-Stage-Financing: Nach der Entwicklung des ersten Prototyps beginnt in dieser Phase die Herstellung der Produkte, welche ebenfalls während des First-Stage-Financing auf den Markt gebracht werden, um erste Umsätze zu erzielen. Je nach Höhe des Absatzes erhöht sich in dieser Phase der Kapitalbedarf des Unternehmens.

Diese drei ersten Phasen der Unternehmensentwicklung sind durch hohe Investitionen und Verluste gekennzeichnet. Erst nach der Einführung des Produktes auf dem Markt beginnt die Expansionsphase des Unternehmens. Diese als **Expansion-Stage-Financing** bezeichnete Phase beinhaltet die Second-, Third- and Fourth-Stage-Phasen.

Die Second-Stage-Financing-Phase ist von einem starken Produktions- und Absatzwachstum geprägt. Der Fokus in dieser Phase liegt auch auf dem Ausbau und der Festigung der Marktposition. Die Unternehmensprozesse werden um zusätzliche Maßnahmen, beispielsweise im Vertrieb und Produktion, erweitert. Der operative Break-even ist erreicht. Dieses Wachstum erfordert eine Reihe von Investitionen. Vor dem Hintergrund des Unternehmenserfolgs werden von Venture-Capital-Gesellschaften hohe Kapitalbeträge zur Verfügung gestellt (development capital). Auch Fremdkapitalfinanzierung spielt eine immer größere Rolle, beispielsweise durch Banken.

Die Third-Stage-Financing-Phase ist durch eine stabile Eigenkapitalquote gekennzeichnet. Das Unternehmen versucht nun neue Märkte zu erschließen, indem es expandiert, möglicherweise auch ins Ausland oder durch Produktdiversifikation. Neben dem Kapital der Risikokapitalgesellschaft und der Banken wird nun auch der Kapitalmarkt berücksichtigt.

In der sechsten und letzten Phase, der Fourth-Stage-Financing-Phase, ist das gegründete Unternehmen bereits etabliert. Die Funktion der Risikokapitalinvestoren ist erfüllt, das Unternehmen kann nun weitere Wertsteigerungspotenziale nutzen. Der Ausstieg der Venture-Capital-Gesellschaft aus dem Unternehmen erfolgt durch einen Verkauf der Anteile und wird als Exit bezeichnet. Werden die Anteile durch die bestehenden Gesellschafter gekauft, so spricht man vom Buy-back. Die Anteile können auch an Dritte (zum Beispiel industrielle Investoren) weiterverkauft werden, dabei handelt es sich um einen Trade-Sale. Ein Secondary-Purchase bezeichnet den Verkauf der Anteile an eine weitere Risikokapitalgesellschaft. Das Unternehmen kann jedoch auch eine Notierung an der Börse anstreben, das **Initial Public Offering** (IPO).

▶ **Merke!** Die Finanzierungsphasen eines Unternehmens können in **Early-Stage-Financing** und **Expansion-Stage-Financing** eingeteilt werden.

Der Bundesverband deutscher Kapitalbeteiligungsgesellschaften (BVK) vertritt die Interessen der deutschen Private-Equity-Branche. Die Zahl der im Jahresverlauf 2016 finanzierten deutschen Unternehmen lag bei 1.011 und damit unter der des Vorjahres mit 1.319. Das Portfolio der in Deutschland ansässigen Beteiligungsgesellschaften erreichte zum Jahresende 2016 39,6 Mrd. €. Insgesamt 76 % der Investitionen machten die sogenannten Buy-outs aus, welche im nachfolgenden Kapitel näher erläutert werden (Bundesverband deutscher Kapitalbeteiligungsgesellschaften 2017).

Fragen zur Lernkontrolle
1. Die Start-up-Financing-Phase beinhaltet …
   ☐ … die formaljuristische Gründung des Unternehmens.
   ☐ … die Produktion eines Prototypen.
   ☐ … Markt- und Wettbewerbsanalysen.
   ☐ … Expansion in neue Märkte.

2. Welche Aussagen über eine Venture-Capital-Gesellschaft treffen zu?
 - ☐ Diese Form der Beteiligungsfinanzierung wird häufig von jungen, innovativen, technologieorientierten Unternehmen mit Wachstumspotenzial genutzt.
 - ☐ Venture-Capital-Gesellschaften verbleiben maximal zwei Jahre im Unternehmen.
 - ☐ Das Ziel der Venture-Capital-Investoren ist es, Unternehmensteile nach erfolgreicher Expansion des Beteiligungsunternehmens gewinnbringend zu veräußern.
 - ☐ Eine Venture-Capital-Gesellschaft unterstützt das Beteiligungsunternehmen mit rein monetären Leistungen.

3. Welche Vorteile bieten Venture-Capital-Gesellschaften einem Unternehmen?
 - ☐ Auf das bereitgestellte Kapital einer Venture-Capital-Gesellschaft sind keine Zinsen zu entrichten.
 - ☐ Das eingebrachte Eigenkapital erhöht die Kreditwürdigkeit des Unternehmens.
 - ☐ Die Rentabilität wird durch eine Venture-Capital-Gesellschaft gesichert.
 - ☐ Venture-Capital-Gesellschaften haben kein Mitspracherecht.

2.6 Buy-outs

Ein **Buy-out** bezeichnet Übernahmen von einzelnen Unternehmensbereichen oder aber des gesamten Unternehmens durch eine andere Partei. Dabei werden unterschiedliche Arten differenziert, welche im Folgenden erläutert werden.

Management-Buy-out (MBO)
Kennzeichnend für einen **Management-Buy-out** ist die Übernahme von mindestens 10 % der Unternehmensanteile (share deal), der wesentlichen Vermögensgegenstände (asset deal) oder von beidem (step deal) durch das bestehende Management. Das Management wird somit zum Miteigentümer. Die Finanzierung solcher Buy-outs wird meist nicht vollständig mit dem Privatvermögen der Manager bezahlt, sondern erfolgt beispielsweise auch durch Venture-Capital-Gesellschaften oder aber Banken als Fremdkapitalgeber.

▶ Die Übernahme von Unternehmensanteilen oder Vermögensgegenständen durch das aktive Management wird als **Management-Buy-out** bezeichnet

Die Gründe für Management-Buy-outs sind vielfältig und bieten sowohl den Managern (neuen Eigentümern) als auch den vorherigen Eigentümern Vorteile. Zum einem hat die langjährige Geschäftsführung sehr gute Kenntnisse über das Unternehmen und seine Prozesse und Strukturen. Zudem wird vertrauliches Insiderwissen im Unternehmen belassen und nicht an Dritte weitergegeben. Weitere Unterscheidungen der Buy-outs werden in Tab. 2.5 erläutert.

Tab. 2.5 Formen des Buy-outs (Quelle: eigne Darstellung)

Leveraged-Buy-out (LBO)	Übernahmetransaktionen mit überwiegendem Einsatz von Fremdkapital
Leveraged-Management-Buy-out (LMBO)	Übernahmetransaktionen durch aktive Manager mit überwiegendem Einsatz von Fremdkapital
Employee-Buy-out (EBO)	Übernahmetransaktionen durch die Belegschaft des Unternehmens
Management-Buy-in (MBI)	Übernahmetransaktionen durch externe und somit zukünftige Manager
Buy-in-Management-Buy-out (BIMBO)	Übernahmetransaktionen durch bestehende und externe Manager
Spin-off	Abspaltung oder Verselbstständigung einzelner Unternehmensteile oder Tochtergesellschaften (meistens in Konzernen)
Partieller Eigentümer Buy-out (Owner-Buy-out)	Übertragung der Anteile durch den bisherigen Eigentümer an eine Erwerbergesellschaft, an welcher der Eigentümer beteiligt ist

Übernahme durch MBO

MBO-Kandidaten werden basierend auf bestimmten Kriterien beurteilt. Die besten Voraussetzungen für MBOs bieten Märkte und Produkte, die sich durch Stabilität auszeichnen und wenige Wettbewerber aufweisen. Als geeignet werden beispielsweise „Notech-" und „Lowtech-Unternehmen" betrachtet. Die Beurteilung des Unternehmens sollte einen Zukunftszeitraum von drei bis fünf Jahren umfassen und auf Basis des geplanten neuen Unternehmens erfolgen (auf der sogenannten Stand-Alone-Basis). Günstige Einstiegsmöglichkeiten werden für solche Unternehmen gesehen, die sich in der Vergangenheit in schwierigen Lagen bezüglich der Führung und Eigentümern befunden haben und somit Aussicht auf Verbesserungspotenzial mit sich bringen.

Ein Cashflow, der sich prognostizieren lässt, ist eine weitere wichtige Voraussetzung für ein erfolgreiches MBO-Unternehmen. Der Cashflow darf nicht mit Investitionsbedarf belastet sein. Des Weiteren sollten alle Umsätze und Kostenentwicklungen berücksichtigt werden. Die Tilgung des Fremdkapitals sollte mittels Cashflow möglich sein. Auch die allgemeine Vermögenslage des Unternehmens spielt eine wichtige Rolle. Hierbei soll beachtet werden, dass unnötiger Grundbesitz, Forderungen oder Vorratsvermögen den Kaufpreis unnötig in die Höhe treiben können.

Finanzierung eines MBO

In der Regel sind bei einem Management-Buy-out ein Verkäufer, Käufer und ein Finanzier beteiligt. Die Transaktion eines MBO, das heißt der Erwerb des Ziel-Unternehmens, wird häufig durch die Gründung einer „Auffanggesellschaft" in der Rechtsform einer GmbH durchgeführt. Mitglieder dieser GmbH sind die Teilnehmer des MBO und weitere

2.6 Buy-outs

Eigenkapitalgeber. Die MBO-Gruppe stellt dabei 51 % des Eigenkapitals bereit, während die Finanziers den Rest des Eigenkapitals aufbringen. Der Rest des Kaufpreises wird durch Fremdkapital beschafft (zum Beispiel Bankkredite). Im zweiten Schritt erfolgt die Eingliederung des Zielunternehmens in die GmbH. Der bestehende Name des Zielunternehmens wird in der Regel weitergeführt, um die aktiven Beziehungen zu Stakeholdern (Lieferanten, Kunden) nicht zu belasten.

Die Finanzierung eines MBO umschließt neben dem Kaufpreis auch die Kosten für das Fremdkapital (Zinsen, Tilgung), Beraterkosten und Kosten für die Beteiligungsgesellschaften. Diese Kosten müssen bei jeder MBO-Transaktion berücksichtigt werden. Die Finanzierungspläne der MBOs basieren meist auf individuell für den MBO erstellten Konzepten.

▶ **Merke!** Die Finanzierung eines **Management-Buy-outs** umschließt neben dem Kaufpreis auch Fremdkapitalkosten, Beraterkosten sowie Kosten für die Beteiligungsgesellschaften.

Abb. 2.6 zeigt die Finanzierungsstruktur eines Buy-outs und stellt die durchschnittlichen Renditeerwartungen unterschiedlicher Kapitalgeber dar.

Die finanziellen Mittel für ein MBO stammen meist aus drei verschiedenen Finanzierungsquellen.

Vorrangige Verbindlichkeiten (**Senior Debt**) beziehen sich auf Fremdkapital, das vorrangig gesichert und somit am geringsten ausfallgefährdet ist. Als Sicherheiten dienen hier die Vermögensgegenstände des Unternehmens. Die Obergrenze der Beleihung für die Gewährung des Kredits schwankt zwischen 50–80 % des Beleihungswertes der Kreditsicherheit. Das Kapital wird für einen Zeitraum von fünf bis fünfzehn Jahren zur Verfügung gestellt und hat durch die Absicherung relativ niedrige Kapitalkosten.

Im Gegensatz zum vorrangigen Fremdkapital ist **Mezzanine-Kapital** eine Mischung aus Fremd- und Eigenkapital. Gegenüber Fremdkapital ist es nachrangig. Sicherheiten

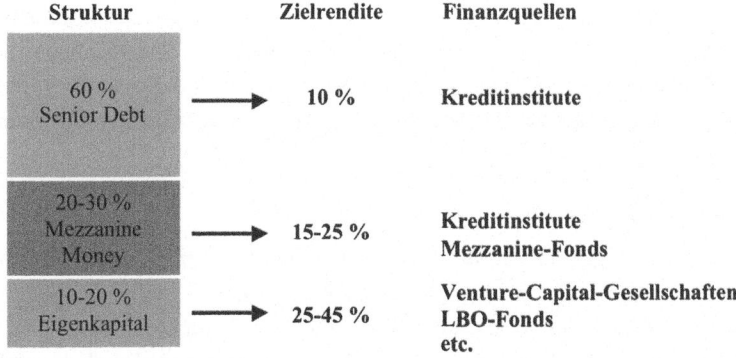

Abb. 2.6 Finanzierungsstruktur Buy-out (Quelle: Schäfer 2002, S. 265)

werden nicht hinterlegt. Da in der Regel jährlich Zinsen gezahlt werden, hat es auch teilweise Fremdkapitalcharakter. Das Risiko, welches für den Anleger entsteht, spiegelt sich in den hohen Renditen wider. So ist es nicht unüblich, dass die Rendite bis zu 45 % beträgt.

Schließlich gibt es das klassische Eigenkapital, das im Vergleich zum Fremdkapital und zum Mezzanine-Kapital nachrangig behandelt wird. Eine Mindestverzinsung wird nicht garantiert. Den Eigenkapitalgebern steht der Gewinn zu, sofern einer erwirtschaftet wird. Umgekehrt müssen sie Verluste in Höhe ihrer Kapitaleinlage tragen.

Kaufpreisfindung
Bei einem MBO wird der Kaufpreis zwischen Verkäufer und Käufer ausgehandelt. Die Ermittlung des Kaufpreises hängt stark von der Einschätzung der Unternehmensentwicklung ab und schließt somit strategische Überlegungen ein, die sich nicht quantifizieren lassen. Die Methoden zur Findung des Kaufpreises sind vielfältig. Folgende Bewertungsverfahren können zur Preisfindung herangezogen werden:

- Ertragswertmethode
- Substanzwertmethode
- Multiplikatorenmethode

Ertragswertmethode
Die **Ertragswertmethode** ist die am häufigsten genutzte Methode zur Berechnung des Kaufpreises. Bei dieser Methode wird der Unternehmenskauf als eine Investition betrachtet. Das heißt, der Unternehmenswert hängt vom zukünftigen Gewinnpotenzial des Unternehmens ab. Diese Werte können jedoch nur abgeschätzt und prognostiziert werden und basieren auf Erfahrung und Vergangenheitswerten. Die zukünftigen Erträge werden mit dem Kalkulationszinssatz auf den Tag der Transaktion abgezinst. Dabei werden unterschiedliche Faktoren berücksichtigt, wie zum Beispiel die erwartete Eigenkapitalverzinsung oder die Höhe der Fremdverschuldung.

Substanzwertmethode
Bei dieser Methode wird der Fokus auf die durch eine Buy-out-Transaktion anfallenden Kosten gelegt. Der Substanzwert ergibt sich aus dem Buchwert des Vermögens zuzüglich der stillen Reserven auf der Aktiv- und der Passivseite. Die **Substanzwertmethode** wurde in der Vergangenheit häufig zur Preisermittlung herangezogen, findet jedoch heute wenig Anhänger.

Multiplikatorenmethode
Häufig wird heutzutage der Gesamtunternehmenswert als Vielfaches einer Gewinngröße berechnet. Die Berücksichtigung des EBIT als Gewinngröße hat sich besonders bei Management-Buy-outs durchgesetzt. Die EBIT-Betrachtung lässt die Finanzierungsstruktur des Unternehmens unbeachtet. Der Gewinn vor Steuern zuzüglich der Fremdfinanzierungszinsen wird ermittelt, um den Gesamtunternehmenswert zu berechnen. Der

Multiplikator, mit dem das EBIT vervielfacht wird, ist von Branche zu Branche verschieden. Von diesem Gesamtunternehmenswert werden dann die Verbindlichkeiten abgezogen, um den Kaufpreis zu ermitteln.

Fragen zur Lernkontrolle
1. Geben sie an, ob die folgende Aussage richtig oder falsch ist.
   „Kennzeichnend für einen Management-Buy-out ist die Übernahme von mindestens 10 % der Unternehmensanteile durch das Management."
   ☐ Richtig
   ☐ Falsch
2. Die Ertragswertmethode zur Kaufpreisermittlung bei einem Buy-out …
   ☐ … betrachtet den Unternehmenskauf als eine Investition.
   ☐ … fokussiert sich nur auf die entstehenden Kosten eines Buy-outs.
   ☐ … lässt die Finanzierungsstruktur eines Unternehmens unbeachtet.
   ☐ … basiert auf Einschätzungen des zukünftigen Gewinns.
3. Nennen Sie drei Buy-out Formen und deren Merkmale.

_____

_____

_____

2.7 Lernkontrolle

Zusammenfassung

Die Beteiligungsfinanzierung stellt finanzsystematisch eine Form der Außenfinanzierung mit Eigenkapital dar. Das geläufigste Instrument der Beteiligungsfinanzierung ist die Aktie. Emissionsfähige Unternehmen sind Gesellschaften, die zur Emission von Aktien berechtigt sind und die Rechtsform einer Aktiengesellschaft haben. Nicht emissionsfähige Unternehmen haben keinen Zugang zum Kapitalmarkt. Aktien weisen einige Unterschiede hinsichtlich ihrer Ausstattungsmerkmale auf. Die gängigsten Formen von Aktien sind Stamm- und Vorzugsaktien. Aktien verbriefen je nach ihrer Ausstattung verschiedene Vermögens- und Verwaltungsrechte (zum Beispiel Recht auf anteilige Dividende).

Aktien werden bei Erstemissionen (going public), Umwandlung einer Gesellschaft anderer Rechtsform, Ausgabe neuer Aktien bei einer Kapitalerhöhung oder einem Aktien-Split (Gratisaktien) emittiert. Die Emission der Aktien kann öffentlich oder privat stattfinden. Bei einer öffentlichen Platzierung werden drei Verfahren unterschieden: das Festpreisverfahren, das Bookbuilding-Verfahren sowie das Auktionsverfahren (Tenderverfahren). Der Aktienmarkt kann von Unternehmen neben der Erstemission von Aktien auch zur weiteren Erweiterung der Kapitalbasis genutzt werden, sprich zur Kapitalerhöhung. Die Kapitalerhöhung kann verschiedene Formen annehmen. Hauptsächlich lassen sich die effektive und die nominelle Kapitalerhöhung unterscheiden.

Der Wert einer Aktie kann auf mehrere unterschiedliche Arten ausgedrückt werden, als Börsenkurs, Ertragswertkurs, Bilanzkurs oder auf Grundlage des Kurs-Gewinn-Verhältnisses (KGV). Die Aktienanalyse gilt als Basis für Kauf- und Verkaufsentscheidungen bei Aktien, wobei zwei Analysearten unterschieden werden: Fundamentalanalyse und technische Analyse. Zudem geht man davon aus, dass sich der Aktienkurs durch die Random-Walk-Hypothese beschreiben lässt, sofern der Kapitalmarkt effizient ist.

Die Börse agiert als ein Marktplatz, wo das Angebot und die Nachfrage für Wertpapiere zusammengeführt werden. Für Unternehmen mit Aktien, welche auf dem regulierten Markt gelistet werden, gelten weit striktere Regeln als für die Aktiengesellschaften, welche im Freiverkehr emittieren. Bezüglich der Anforderungen werden der General Standard, der Prime Standard und das Scale-Segment unterschieden, wobei der Prime Standard die höchsten Ansprüche hat. Nicht alle Wertpapiere werden an der Börse gehandelt. Eine Alternative zu der geregelten Börse bildet der Over-the-Counter-Handel.

Eine besondere Form der Beteiligungsfinanzierung ist die Venture-Capital-Finanzierung. Eine Venture-Capital-Investition bezeichnet das Einbringen von Eigenkapital ins Unternehmen und wird häufig von jungen, innovativen und technologieorientierten Unternehmen mit Wachstumspotenzial genutzt.

Eine weitere Möglichkeit der Beteiligungsfinanzierung bieten sogenannte Buy-outs. Dies sind Übernahmen von einzelnen Unternehmensbereichen oder des gesamten Unternehmens durch eine andere Partei. Der Management-Buy-out ist die gängigste Form eines Buy-outs.

Übungsaufgaben
1. Der (gleichbleibende) Jahresüberschuss je Aktie der Brau AG beträgt EPS = 3,50 €, der Eigenkapitalkostensatz $K_{EK} = 10\,\%$. Wie hoch ist der theoretische Aktienpreis?
2. Erläutern Sie kurz die Phasen des Bookbuilding-Verfahrens und grenzen Sie dieses vom Festpreisverfahren ab.
3. In der Fachwelt wird die technische Analyse eher kritisch betrachtet, da sie ausschließlich auf der Auswertung der Kursdiagramme und deren Verlauf in der Vergangenheit basiert. Welche Vor- und Nachteile sehen Sie in der technischen Analyse?
4. Die Bau AG ist ein mittelständisches Maschinenbauunternehmen, welches in ihrem Segment führend ist. Im letzten Geschäftsjahr konnte die Bau AG ein durchschnittliches Umsatzwachstum von ca. 9 % sowie eine durchschnittliche Umsatzrendite von 6 % realisieren. Die Wachstumsprognosen sind sehr positiv. Die Bau AG hat zwei Gesellschafter, die jeweils 50 % des Unternehmens halten. Aus Altersgründen beabsichtigen beide Gesellschafter ihre Anteile zu veräußern. Der Geschäftsführer Herr Sandt sowie der Vertriebsleiter Herr Münch sind langjährige Angestellte der Bau AG und möchten die Anteile gerne erwerben.

a) Erläutern Sie, welche Form der Beteiligungsfinanzierung sich für diesen Fall anbietet und welche Vorteile diese hat.
b) Wo sehen Sie Chancen und Risiken bei einer Übernahme des Unternehmens durch ein MBO?
c) Warum ist es gerade für mittelständische Unternehmen interessant, diese Form der Beteiligungsfinanzierung zu wählen?
d) Welchen Vorteil würde in diesem Fall ein Management-Buy-In (MBI) bieten?
5. Venture-Capital-Gesellschaften bieten von allem jungen, technologieorientierten Unternehmen eine Möglichkeit, sich auf dem Markt zu etablieren. Sowohl die Venture-Capital-Gesellschaften als auch die Unternehmen, die das Kapital benötigen, profitieren davon. Wo sehen Sie die Chancen und wo die Risiken für beide Seiten?

Literatur

Bundesverband deutscher Kapitalbeteiligungsgesellschaften (2017): *BVK-Statistik: Das Jahr in Zahlen 2016,* URL: https://www.bvkap.de/sites/default/files/page/2010-2016_bvk-statistik_2016_final_270217.xlsx (Stand 22.06.2018).
Finanzen.net (2017a): *DAX-30-Kerzenchart Juni 2016-Mai 2017,* URL: http://www.finanzen.net/index/DAX (Stand 16.06.2017).
Finanzen.net (2017b): *DAX-30-Linienchart Juni 2016-Mai 2017,* URL: http://www.finanzen.net/index/DAX (Stand 16.06.2017).
Finanzen.net (2017c): *DAX-30-Linienchart Juni 2016-Mai 2017 mit 12-Tage-Momentum,* URL: http://www.finanzen.net/index/DAX (Stand 16.06.2017).
Finanzen.net (2017d): *DAX-30-Linienchart Juni 2016-Mai 2017 mit gleitendem Durchschnitt,* URL: http://www.finanzen.net/index/DAX (Stand 16.06.2017).
Finanzen.net (2017e): *DAX-30-Linienchart Juni 2016-Mai 2017 mit Trendkanal,* URL: http://www.finanzen.net/index/DAX (Stand 16.06.2017).
Perridon, L./Steiner, M./Rathgeber, A. W. (2016): *Finanzwirtschaft der Unternehmung,* 17., überarbeitete und erweiterte Auflage, Franz Vahlen, München.
Prätsch, J., Schikorra, U., Ludwig, E., (2012): *Finanzmanagement: Lehr- und Praxisbuch für Investition, Finanzierung und Finanzcontrolling,* 4., erweiterte und überarbeitete Auflage, Springer, Berlin.
Schäfer, H. (2002): *Unternehmensfinanzen: Grundzüge in Theorie und Management,* 2. Auflage, Physica-Verlag, Heidelberg.

Weiterführende Literatur zum Selbststudium

Braun, J. (2012): *Aktienanalyse: Fundamentalanalyse, Technische Analyse und Behavioral Finance,* AV Akademikerverlag.
Murphy, J. J. (2016): *Technische Analyse der Finanzmärkte,* 12. unveränderte Auflage, Finanz-Buch-Verlag, München.
Weitnauer, W. (2015): *Handbuch Venture Capital: Von der Innovation zum Börsengang,* 5. Auflage, Beck-Verlag, München.

Fremdfinanzierung 3

Lernziele

Nach der Bearbeitung dieses Kapitels werden Sie wissen, …

… was die Emission von festverzinslichen Wertpapieren beinhaltet.

… welche Arten von festverzinslichen Wertpapieren existieren.

… welche Rolle ein Rating bei festverzinslichen Wertpapieren spielt.

… wie sich die öffentliche Platzierung von Wertpapieren von der privaten Platzierung unterscheidet.

Aus der Praxis

„Apple nimmt 17 Mrd. US$ ein

New York. Über Apple ist in dieser Woche ein wahrer Geldregen niedergegangen. Durch den Verkauf von Anleihen hat sich der iPhone- und iPad-Hersteller nach Daten des Finanzdienstleisters Bloomberg insgesamt 17 Mrd. US$ beschafft (13 Mrd. EUR) und damit so viel wie kein anderes US-Unternehmen zuvor auf einen Schlag. Das Geld soll in den Rückkauf eigener Aktien und in Dividenden fließen. So will Apple seinen schwächelnden Kurs aufpäppeln.

[…]

Apple bot sechs Anleihetypen an, die das Unternehmen in drei bis dreißig Jahren zurückzahlen muss. Entsprechend unterschiedlich waren auch die Zinssätze. (…) Allgemein ist das Zinsniveau niedrig und Apple besitzt bei den zwei großen Ratingagenturen S&P und Moody's eine hervorragende Kreditwürdigkeit, wenngleich nicht die Bestnoten.

So gab es von Moody's ein Rating der zweitbesten Stufe „Aa1" statt des begehrten „Triple A", wie es etwa die Bundesrepublik Deutschland besitzt. Für Unternehmen, die

so stark von der Gunst der Verbraucher in den sich schnell verändernden Branchen Technologie und Mobilfunk abhingen, gebe es langfristige Risiken, hieß es zur Begründung. Von S&P gab es auf deren Skala ebenfalls die zweitbeste Bewertung AA+.
[…]
Die Deutsche Bank organisierte die Platzierung der Anleihen zusammen mit dem Wall-Street-Haus Goldman Sachs."
Quelle: Handelsblatt 2013

Dieses Beispiel umfasst viele wesentliche Aspekte rund um die Emission von festverzinslichen Wertpapieren. In diesem Kapitel werden wir lernen, wie Anleihen emittiert werden und wie sich die Anleihetypen voneinander unterscheiden. Sie werden wissen, welchen Einfluss das Rating von Moody's oder S&P auf die Anleger und den Emittenten hat sowie welche Rolle die Banken bei einer Platzierung von Anleihen spielen.

3.1 Emission eines festverzinslichen Wertpapiers

Wie wir bereits in Kap. 1 gelernt haben, umfasst die Fremdfinanzierung eine befristete Bereitstellung von Geld- oder Sachmitteln durch Dritte (Gläubiger). Für die Kapitalbereitstellung erwirbt der Gläubiger das Recht auf die Rückzahlung des zur Verfügung gestellten Kapitals und auf die periodischen Zinszahlungen.

Neben der Beschaffung von Finanzmitteln durch langfristige Bankkredite haben staatliche Institutionen, private Unternehmen oder Kreditinstitute zusätzlich die Möglichkeit, Geld für langfristige Finanzierung mit Fremdkapital durch die Ausgabe von verzinslichen Wertpapieren, den Anleihen, zu beschaffen. In Deutschland, das eher mittelständisch geprägt ist, werden Anleihen größtenteils von Banken oder öffentlicher Hand emittiert, in den USA stellen Anleihen eine gängige Finanzierungsart für viele Unternehmen dar.

Eine **Anleihe** ist ein verbriefter Kredit. Die Laufzeit des Wertpapiers ist mittel- oder langfristig. Anleihen werden auch als Rentenpapier, Obligation oder Bond bezeichnet. Der Emittent, das heißt derjenige, der die Anleihe begibt, nimmt die benötigte Summe über den anonymen Kapitalmarkt auf. Meistens kaufen viele Anleger die Anleihe. Der Emittent der Anleihe haftet grundsätzlich für die Rückzahlung und Verzinsung. Er ist nicht verpflichtet Sicherheiten zu stellen, kann dies jedoch zusätzlich vereinbaren. Die zusätzliche Besicherung der Anleihe kann verschiedene Formen annehmen. Pfandbriefe sind beispielsweise durch Grund und Boden besichert, bei Unternehmensanleihen kann das Unternehmensvermögen (zum Beispiel Maschinen, Immobilien) als Besicherung dienen. Ausnahme bilden die Staatsleihen. Diese Form der Anleihen bedarf keiner Besicherung, da öffentliche Haushalte eigentlich nicht Konkurs gehen können.

▶ Eine **Anleihe** ist ein mittel- oder langfristig laufendes Wertpapier und wird auch als Rentenpapier, Bond oder Obligation bezeichnet.

3.1 Emission eines festverzinslichen Wertpapiers

Die durch eine Anleihe verbrieften Rechte sind durch Gesetze geregelt und werden in der Regel durch Anleihekonditionen ergänzt. Die Eigenschaften einer Anleiheemission werden im Emissionsprospekt festgehalten und umfassen unter anderem folgende Informationen:

- Emissionsvolumen
- Tilgungs- und Zinszahlungsmodalitäten
- Laufzeit
- Stückelung
- Ausgabekurs
- Rückzahlungskurs
- Besicherung
- Gläubigerschutzklauseln
- Einzahlungen in einen Tilgungsfonds
- Kündigungsrechte

Der gesamte Darlehensbetrag wird als **Emissionsvolumen** bezeichnet. In der Regel werden über Anleihen Millionenbeträge bei einer Vielzahl von Darlehensgebern aufgenommen. Beim Emittieren der Anleihe wird das Emissionsvolumen in mehrere Anteile, die Teilschuldverschreibungen, gestückelt. Teilschuldverschreibungen wurden früher als Urkunde herausgegeben. Heutzutage ist das nicht mehr üblich. Der Gläubiger erwirbt eine Teilschuldverschreibung. Diese lautet auf einen bestimmten Nennwert. Die Höhe des Nennwertes hängt vom jeweiligen Emissionsland ab. So haben beispielsweise die Staatsanleihen in Großbritannien meist einen Nennwert von 100,00 £, während Unternehmensanleihen einen Nennwert von meist 1000, 10.000 oder 100.000,00 £ aufweisen. In Europa dagegen sind Nominalwerte von 1000 € üblich. In den USA haben die Anleihen häufig einen Nennwert von 1000 $. Im Gegensatz zu Aktien werden Anleihen nicht in Währungen gehandelt, sondern in Prozent. Wenn eine Anleihe beispielsweise 997 € kostet, steht auf dem Kurszettel 99,70 %. Dabei ist zu unterscheiden zwischen dem Geldkurs, zu dem eine Geschäftsbank bereit ist, die Anleihe zu kaufen. Der Briefkurs ist hingegen aus Sicht der Geschäftsbank der Verkaufspreis (Tab. 3.1).

▶ **Merke!** Das **Emissionsvolumen** wird bei der Emission in mehrere Teilschuldverschreibungen zerstückelt.

Die Anleihen werden verzinst, das heißt, der Kapitalgeber bekommt ein Entgelt in Form von Zinsen für die Bereitstellung von Kapital. Der Zinssatz wird als Kupon bezeichnet und wird in Deutschland meist einmal jährlich, also per annum (p. a.), ausbezahlt. In angelsächsischen Ländern findet man auch oft eine halbjährliche Ausschüttung. Der Betrag des Nominalzinses wird prozentual basierend auf dem Nennwert berechnet und vor der Emission festgelegt. Die Höhe des Zinssatzes hängt unter anderem von der Bonität des

Tab. 3.1 Beispiel Anleihekurse (Stand: 22.06.2018) (Quelle: Börse Frankfurt 2018)

Name	WKN	Währung	Letzter Stand	Geld	Brief	Umsatz	Fälligkeit
Kreditanstalt für Wiederaufbau 1,000 % 10/2021	A2AAHF	NOK	99,33	99,16	99,87	399.400,00	12.10.2021
International Bank for Reconstruction and Development 7,500 % 3/2020	A1AT0T	MXN	99,51	98,93	99,49	321.701,50	05.03.2020
Sixt Leasing SE 1,500 % 5/2022	A2LQKV	EUR	101,70	99,85	103,99	305.100,00	02.05.2022
Deutsche Bank 2,750 % 2/2025	DB7XJJ	EUR	97,54	97,90	102,03	299.184,50	17.02.2025
Vonovia Finance BV 1,125 % 9/2025	A19NS9	EUR	97,96	91,37	102,75	08.09.2025	08.09.2025
Volkswagen International Finance 3,500 %	A1ZYTK	EUR	93,16	92,23	93,15	262.106,45	-
Deutsche Lichtmiete Finanzierungsgesellschaft mbH Oldenburg 5,750 % 1/2023	A2G9JL	EUR	100,00	0,00	0,00	250.000,00	10.01.2023
Landesbank Hessen-Thüringen Girozentrale 0,250 % 8/2022	HLB4C6	EUR	99,70	99,75	100,25	249.125,00	15.08.2022
BAT International Finance 2,375 % 1/2023	A1HCS3	EUR	107,49	107,45	107,66	215.020,00	19.01.2023
Landesbank Hessen-Thüringen Girozentrale 0,500 % 10/2021	HLB2C2	EUR	100,45	100,45	100,95	200.900,00	07.10.2021

Emittenten ab. Mit sinkender Bonität steigt der Zins, da das Risiko der Insolvenz des Emittenten kompensiert werden muss. Die Zinszahlungen von Staatsanleihen sind beispielsweise meistens geringer als die von Unternehmen, dafür sind Staatsanleihen von soliden Staaten sicherer. Weitere Faktoren, die einen Einfluss auf die Höhe des Kupons haben, sind das allgemeine Zinsniveau auf dem Kapitalmarkt und die Laufzeit des Kredits.

Die Anleihe kann bis zum Fälligkeitsdatum im Besitz des Gläubigers verbleiben. Der Gläubiger kann sie auch zu einem früheren Zeitpunkt am Kapitalmarkt wieder verkaufen, jedoch mit dem Risiko eines Kursverlustes. Die Laufzeit von Anleihen kann sich zwischen mehreren Monaten und mehreren Jahren erstrecken. Zum Fälligkeitsdatum wird die Verbindlichkeit vom Emittenten getilgt. Die Tilgung kann in bestimmten Fällen auch während der Laufzeit der Anleihe erfolgen.

Beispiel

Das Unternehmen CompTech AG emittierte am 14. Juni 2017 eine Anleihe, um neue Investitionen zu finanzieren. Die Anleihe enthält folgende Konditionen:

Emissionsvolumen:	500.000 €
Nennwert:	1.000 €
Laufzeit:	10 Jahre
Kupon:	2,5 % p. a

Die Anleihe wird in 500 Teilschuldverschreibungen je 1.000 € ausgegeben.

Der Käufer einer Teilschuldverschreibung kann also jährlich am 14. Juni mit einer Zinszahlung von 25 € rechnen. Nach den zehn Jahren, also am 14. Juni 2027 erhält der Käufer 1.025 €. Dieser Betrag setzt sich aus der letzten Tilgung in Höhe des Nennwerts von 1.000 € plus 25 € Zinsen zusammen.

Neben der Nominalverzinsung kann auch die **Effektivverzinsung** einer Anleihe berechnet werden. Die Effektivverzinsung stellt die Rendite der Kapitalanlage dar und weist meistens einen anderen Prozentsatz auf als die Nominalverzinsung. Die Effektivverzinsung einer Anleihe berücksichtigt unter anderem den Ankauf- und Rückzahlungskurs und die Zinszahlungen der Restlaufzeit und kann auf täglicher Basis berechnet werden.

▶ Die **Effektivverzinsung** stellt die Gesamtrendite der Anleihe dar.

Anleihen werden wie Aktien an der Börse notiert und einem breiten Publikum zur Zeichnung angeboten. Der Kurswert der Anleihe deckt sich in der Regel nicht mit dem Nennwert der Anleihe. Nur wenn der Preis einer Anleihe exakt 1.000 € beträgt, entspricht die Nominalverzinsung der Effektivverzinsung. Der Kurswert einer Anleihe hängt vom Verhältnis des Nominalzinses zum Marktzins ab. Bei steigendem Marktzins und gegebenem Nominalzins muss der Kurs einer Anleihe sinken, damit die Anleihe attraktiv bleibt und Investoren bereit sind, diese Anleihe trotz des nicht gestiegenen Nominalzinses zu kaufen. Umgekehrt steigt der Kurs, wenn der Marktzins sinkt. Der Kurswert wird in Prozent des Nennwertes angegeben und durch Angebot und Nachfrage bestimmt. Anleihen werden häufig günstiger als der Nennwert, also „unter pari", ausgegeben. Diesen Abschlag bezeichnet man als Disagio. Meistens beträgt der Abschlag bis zu 3 %. Wenn der Emissionskurs bei 98 % liegt, so muss für den Kauf einer Teilschuldverschreibung mit einem Nennwert von 1.000 € ein Preis von 980 € bezahlt werden. Ein Disagio ist übrigens bei Aktien verboten. Bei einem Emissionswert von 103 % würde die Teilschuldverschreibung bei 1.030 € liegen und somit „über pari" ausgegeben werden. Der Wert, der den Nennwert der Anleihe überschreitet, nennt man Agio. Es ist ebenfalls möglich, Anleihen „zu pari" zu verkaufen. Dabei entspricht der Nennwert dem Kurswert. Wird die Anleihe zwischen zwei Zinsterminen gekauft, so muss der Käufer zusätzlich zum Kurswert die aufgelaufenen Zinsen begleichen. Diese Zinsen werden Stückzinsen genannt. Sie entstehen, weil der Käufer der Anleihe beim nächsten Zinstermin die vollen Jahreszinsen ausbezahlt bekommt, aber die Anleihe nicht ein ganzes Jahr gehalten hat. Beim Kaufpreis mit Stückzinsen spricht man vom Dirty Price, während der Preis ohne die Stückzinsen als Clean Price bezeichnet wird.

Beispiel

Betrachten wir noch einmal die Anleihe der CompTech AG, welche am 14. Juni 2017 emittiert wurde. Die Anleihe hatte folgende Konditionen:

Emissionsvolumen: 500.000 €
Nennwert: 1.000 €
Laufzeit: 10 Jahre
Kupon: 2,5 % p. a

Der Käufer dieser Anleihe erhält 25 € Zinsen, und zwar jährlich über die Laufzeit von zehn Jahren. Nun beschließt der Käufer die Anleihe nach einem Vierteljahr wieder an der Börse zu verkaufen. In diesem Fall würde er vom neuen Käufer zusätzlich zum Kurswert der Anleihe die Zinsen für das Vierteljahr bekommen, also 6,25 €. Der neue Besitzer der Anleihe wird nach einem Dreivierteljahr die volle Zinszahlung von 25 € bekommen, auf die er Anspruch hat, obwohl er die Anleihe nicht das ganze Jahr gehalten hat. Die Zinszahlung von 6,25 € sind die Stückzinsen.

Die Begebung von Anleihen bedarf, im Gegensatz zu Eigenkapitalemissionen, keines Beschlusses der Gesellschafter- oder Hauptversammlung. Die Entscheidung zur Emission wird von der Geschäftsführung bzw. dem Vorstand getroffen. Für die Zulassung der Emission gelten die Regelungen des Freiverkehrs. Zusätzlich zu den geltenden Regelungen des Freiverkehrs werden von den jeweiligen Börsenplätzen jeweils eigene rechtliche Voraussetzungen und Folgepflichten festgelegt. Diese Voraussetzungen und Pflichten können sehr stark variieren. Bei allen Börsen muss jedoch ein Emissionsprospekt veröffentlicht werden.

Gläubigerschutzklauseln (Protective Covenants)
Ein wesentliches Merkmal der Anleihen sind die Kreditklauseln, im Englischen Protective Covenants genannt. Diese **Gläubigerschutzklauseln** sind Verpflichtungen des Emittenten und werden im Anleiheprospekt festgehalten. Bei einem Bankkredit werden diese zusätzlich im Kreditvertrag individuell vereinbart. Die Gläubigerschutzklauseln beinhalten Handlungs- und Unterlassungspflichten und gelten für die gesamte Laufzeit des Kredits. Der Hauptzweck solcher Klauseln ist die Gewährung der Bonitätssicherheit und somit das Vermeiden eines Kreditausfallrisikos seitens des Emittenten. Generell wird zwischen den Positiv- und Negativklauseln unterschieden. Positivklauseln beinhalten Handlungen, die der Emittent einzugehen bereit ist oder Bedingungen, die der Emittent einhalten sollte. Beispiele für Positivklauseln sind:

- Einhalten von betriebsnotwendigen Genehmigungen und Vorschriften
- Erhalt eines Mindestniveaus an Working Capital
- Gläubiger erhält regelmäßig Quartals- bzw. Jahresabschlüsse
- Unternehmen darf wichtige Versicherungen nicht kündigen (beispielsweise Gebäudebrandversicherung)

Negativklauseln verbieten bestimmte Handlungen, grenzen diese ein oder verlangen Mitbestimmungsrechte. Dazu gehören:

- Aufnahme neuer Verbindlichkeiten
- Ausschüttung von Gesellschaftsvermögen (zum Beispiel Dividenden, Aktienrückkauf, Managementgehälter)
- Neue Investitionen
- Unternehmensakquisitionen
- Verkauf von Aktiva
- Unternehmen stellt Vermögensgegenstände als Sicherheiten gegenüber weiteren Gläubigern zur Verfügung

> **Merke!** Die **Gläubigerschutzklauseln** beinhalten Handlungs- und Unterlassungspflichten und gelten für die gesamte Laufzeit des Kredits.

Während vor Ausbruch der Finanzkrise im Jahr 2008 den Gläubigerschutzklauseln weniger Beachtung geschenkt wurde, gewinnt diese Form der Kreditvereinbarungen immer mehr an Bedeutung. Laut einer Studie von Roland Berger im Jahr 2009 gaben 96 % der befragten Unternehmen an, Positivklauseln bei Kreditverträgen zu verwenden, während 76 % der Unternehmen auch Negativklauseln mit in die Verträge aufnehmen.

Tilgungsfonds (Sinking Fund) und Kündigungsklausel (Call Provisions)
Anleihen können bei Fälligkeit komplett getilgt werden. Es besteht jedoch auch die Möglichkeit, die Anleihe vor ihrer Fälligkeit zu tilgen. Bei direkten Platzierungen der

Anleihen wird der Tilgungsplan in den Anleihebedingungen festgehalten. Bei öffentlichen Platzierungen erfolgt die Rückzahlung durch sogenannte Tilgungsfonds oder es besteht ein gesondertes Rückzahlungsrecht durch die Kündigungsklausel.

Ein **Tilgungsfonds** ist ein Kapitalfonds, der speziell gebildete Rücklagen beinhaltet, die eine geordnete Rückzahlung der Anleiheschulden gewährleisten. Dabei wird über die Laufzeit der Anleihe aus den Abschreibungserträgen und Gewinnen aus den von der Anleihe finanzierten Investitionen eine Rücklage gebildet. Der Tilgungsfonds wird meist von einem Treuhänder verwaltet. Es ist üblich einen Tilgungsfonds nach fünf bis zehn Jahren nach der Emission der Anleihe zu bilden. Für den Gläubiger bilden solche Kapitalfonds Sicherheiten. Es ist ein Frühwarnsystem, welches dem Gläubiger vorzeitig signalisiert, dass ein Emittent den Fonds und damit seine Schulden nicht bedienen kann. Dem Emittenten verschafft ein Tilgungsfonds eine gewisse Flexibilität. So können Anleihen zurückgekauft werden, sobald der Marktwert unter den Nennwert der Anleihe sinkt.

Die **Kündigungsklausel** ist ein Bestandteil der meisten Anleiheverträge und ermöglicht dem Emittenten den Rückkauf zu einem fixen Kurs oder einem bestimmten Zeitpunkt vor der Fälligkeit einer Anleihe. Der Kündigungskurs ist meist höher als der Nennwert der Anleihe. Diese Differenz wird als Rückkaufprämie bezeichnet. In den ersten Jahren wird die Prämie normalerweise gleich dem Zins der Anleihe gesetzt. Die Rückkaufprämie sinkt jedoch in der Regel bis zur Fälligkeit der Anleihe kontinuierlich auf null.

Es ist nicht jedem Emittenten erlaubt, seine Anleihen vor Fälligkeit zurückzukaufen. Ein aufgeschobenes Kündigungsrecht (eine sogenannte Call Protection) kann die Kündigung der Anleihe in den ersten Jahren nach der Emission untersagen. So haben meist Industrieschuldverschreibungen oder Kommunalobligationen einen Kündigungsschutz von zehn Jahren. Dieses aufgeschobene Kündigungsrecht nutzt dem Gläubiger, da Anleihen normalerweise zurückgekauft werden, wenn die Zinsen sinken.

Fragen zur Lernkontrolle
1. Verzinsliche Wertpapiere …
    - ☐ … werden auch als Anleihe, Rentenpapier, Bond oder Obligation bezeichnet.
    - ☐ … werden nur von Aktiengesellschaften emittiert.
    - ☐ … können von Unternehmen und Staaten emittiert werden.
    - ☐ … verbriefen das Recht auf Rückzahlung, Zinszahlungen und auf Gewinnbeteiligung.
2. Die Gans AG emittiert eine Anleihe mit einem Emissionsvolumen von 3.000.000 €. Der Nennwert liegt bei 1.000 €, die Laufzeit soll zehn Jahre betragen und einen jährlichen Kupon von 3 % auszahlen.
    a) Welche jährlichen Zinszahlungen kann ein Anleger erwarten?
    - ☐ 20 €
    - ☐ 30 €
    - ☐ 40 €
    - ☐ 90.000 €

3. Wie hoch sind die Stückzinsen, die er Anleger erhält, wenn er die Anleihe vor Fälligkeit nach einem Dreivierteljahr verkauft und der Kurs der Anleihe 100 % beträgt?
- ☐ 20,5 €
- ☐ 21,5 €
- ☐ 22,5 €
- ☐ 122,5 €

4. Welche Aussagen über die Kündigungsklausel sind richtig?
- ☐ Die Kündigungsklausel ermöglicht dem Emittenten den Rückkauf seiner Anleihe zu einem fixen Kurs vor der Fälligkeit.
- ☐ Die Kündigungsklausel verbietet dem Emittenten den Rückkauf seiner Anleihe zu einem fixen Kurs vor der Fälligkeit.
- ☐ Der Kündigungskurs ist meist niedriger als der Nennwert der Anleihe.
- ☐ Die Differenz zwischen dem Kündigungskurs und dem Nennwert der Anleihe wird Rückkaufprämie genannt.

3.2 Arten von festverzinslichen Wertpapieren

Festverzinsliche Anleihen (Straight Fixed-rate Bonds)

Die bekannteste und am weitesten verbreitete Anleiheform ist die **festverzinsliche Anleihe**. Der Inhaber einer Festzinsanleihe hat einen Anspruch auf die Zinszahlungen sowie die Rückzahlung des Nennbetrags. Festverzinsliche Anleihen sind durch fest vereinbarte Laufzeiten und konstante Höhe der Zinszahlungen gekennzeichnet, welche nicht geändert werden können. Die Fälligkeitstermine der Zinszahlungen sind ebenfalls fest vorgegeben. Durch diese Vereinbarungen sind solche Anleihen wenig flexibel. Es besteht jedoch die Möglichkeiten, Stufenzinsvereinbarungen zu treffen oder bestimmte Sonderkündigungsklauseln einzubauen. Stufenzinsvereinbarungen erlauben eine Steigerung (Step-up) oder Senkung (Step-down) des Zinssatzes über die gesamte Laufzeit der Anleihe. Die Zinssätze werden vor Beginn der Emission festgelegt.

▶ **Merke! Festverzinsliche Anleihen** beinhalten fest vereinbarte Laufzeiten und konstante Höhe und Fälligkeitstermine der Zinszahlungen.

Beispiel

Bei einer Anleihe der Zug AG mit einem Nominalwert von 1.000 €, einer Verzinsung von 5 % p. a. und einer Laufzeit von zehn Jahren werden jährlich 50 € Zinsguthaben gutgeschrieben. Würde hierbei eine Stufenzinsvereinbarung getroffen werden, könnte der Zinssatz im ersten Jahr 4,5 %, im zweiten Jahr 4,3 %, usw. betragen. Die jährlichen Zinszahlungen wären in diesem Fall: 45 € im ersten Jahr und 43 € im zweiten Jahr.

Variabel verzinste Anleihen (Floating Rate Notes)
Im Gegensatz zu den festverzinslichen Anleihen garantieren die variabel verzinsten Anleihen keine festen Zinszahlungen. Die Zinssätze orientieren sich bei dieser Anleiheart an Referenzzinssätzen und werden alle drei, sechs oder zwölf Monate angepasst. Als Referenzzinssätze dienen meist die Interbankenzinssätze wie zum Beispiel der EURIBOR (European Interbank Offered Rate) oder LIBOR (London Interbank Offered Rate). Durch die variable Verzinsung erhält der Anleihekäufer einen möglichst aktuellen Zinssatz während der gesamten Laufzeit der Anleihe. Variabel verzinste Anleihen haben manchmal eine Zinsuntergrenze (Floor-Floater) sowie eine Zinsobergrenze (Cap-Floater).

Die Entscheidung zwischen einer festverzinslichen und variabel verzinsten Anleihe hängt in der Regel von den Zinserwartungen der Anleger ab. Werden steigende Zinsen erwartet, so wird sich ein Investor eher für variabel verzinste Anleihe entscheiden, bei erwarteten sinkenden Zinsen wird die Wahl auf eine festverzinsliche Anleihe fallen.

Nullkupon-Anleihen (Zero Coupon Bonds)
Nullkupon-Anleihen sehen keine laufende Verzinsung während der Laufzeit einer Anleihe vor. Die Zinsen werden jedoch über die Laufzeit gesammelt und bei Fälligkeit zusammen mit dem Anleihebetrag ausbezahlt. Man unterscheidet zwischen zwei Formen der Nullkupon-Anleihen: Aufzinsungs- und Abzinsungspapiere. Nullkupon-Anleihen als Abzinsungspapiere werden abzüglich der Zinsen zum Nennwert ausgegeben und bei Fälligkeit zum Nennwert zurückgezahlt. Nullkupon-Anleihen als Aufzinsungspapiere werden dagegen zum Nennwert ausgegeben und bei Fälligkeit zum Nennwert zuzüglich der Zinsen zurückgezahlt. Der Ertrag einer Nullkupon-Anleihe ist die Differenz zwischen dem Emissionskurs und dem Rückzahlungsbetrag.

▶ **Merke! Nullkupon-Anleihen** sehen keine laufende Verzinsung während der Laufzeit einer Anleihe vor. Die Differenz zwischen Emissionskurs und Rückzahlungsbetrag kann als Zinsen interpretiert werden.

Anleihearten mit spezieller Verzinsungsweise
Bei Anleihearten mit spezieller Verzinsungsweise kann zwischen den niedrigverzinslichen Anleihen (low coupon bonds), den Hochzinsanleihen (high yield bonds) und den Realzinsanleihen (inflation-linked bonds) unterschieden werden. Niedrigverzinsliche Anleihen werden in Niedrigzinsphasen emittiert. Der Nominalzins solcher Anleihen liegt weit unter dem Marktzinssatz. Niedrigverzinsliche Anleihen notieren bei der Ausgabe deutlich unter dem Rückzahlungskurs von 100 %. Hochzinsanleihen zählen zu den spekulativen Anleihen und werden meist von Emittenten mit entsprechend niedriger Bonität ausgegeben. Das Ausfallrisiko wird mit der über dem Marktniveau liegenden Verzinsung ausgeglichen. Hochzinsanleihen werden auch als Ramsch- oder Schrottanleihen (junk bonds) bezeichnet. Realzinsanleihen sind inflationsindexierte Anleihen, welche die Verzinsung mit einem Verbraucherpreisindex verknüpfen. Solche Anleihen sollen dem Anleger einen realen Anleihewert über die gesamte Laufzeit garantieren und somit vor Inflationsrisiko schützen.

Wandelanleihen (Convertible Bonds)
Wandelanleihen geben dem Halter das Recht, die Anleihe innerhalb einer vereinbarten Frist oder am Ende der Laufzeit zu einem bestimmten Bezugsverhältnis in Aktien umzuwandeln. Diese Umwandlung wird vor der Emission festgelegt und ist für den Anleger keine Pflicht.

Annuitätenanleihen (Annuity Bonds)
Die Annuitätenanleihen kombinieren die Zinszahlungen mit Tilgungszahlungen. Es wird jährlich der gleiche Betrag (Annuität) an den Anleger ausgezahlt. Die Rückzahlung erfolgt also nicht erst bei Endfälligkeit, sondern jedes Jahr wird ein Teil der Anleihe getilgt.

Ewige Anleihen (Perpetual Bonds)
Bei der ewigen Anleihe ist eine Rückzahlung in der Regel nicht vorgesehen. Ewige Anleihen werden fast ausschließlich von Staaten ausgegeben. In Deutschland sind ewige Anleihen unüblich. Hier wird meist eine Laufzeit von maximal dreißig Jahren gewählt. Beispiele für ewige Anleihen findet man in den USA und in Großbritannien, wo Staatsanleihen ohne Laufzeitende platziert wurden.

Hybridanleihen (Hybrid Bonds)
Hybridanleihen vereinen Fremd- und Eigenkapitalcharakter und sind Anleihen mit einer sehr langen oder sogar unbegrenzten Laufzeit. Die Verzinsung ist zunächst festgesetzt, kann sich jedoch während der Laufzeit ändern. Hybridanleihen können nur seitens des Schuldners gekündigt werden. Diese Anleihen sind meist mit einem höheren Zinssatz ausgestattet, da sie im Insolvenzfall erst nach allen anderen Verbindlichkeiten, wenn auch vor den Aktionären, bedient werden.

Gewinnschuldverschreibungen (Profit-participating Bonds)
Eine besondere Form der Anleihe ist die Gewinnschuldverschreibung. Diese Anleihe ist mit einer Gewinnbeteiligung ausgestattet, das heißt, der Anleger wird am Gewinn des Emittenten beteiligt. Die gewinnabhängige Verzinsung wird entweder anstatt der Festverzinsung über die Laufzeit ausgezahlt oder erfolgt einmalig zusätzlich zur Festverzinsung bei Fälligkeit.

Auslandsanleihen (Foreign Bonds)
Auslandsanleihen sind Anleihen, die von einem heimischen Emittenten im Ausland platziert werden. Die Emission erfolgt in der Fremdwährung. Im Grunde funktionieren diese Anleihen wie normale Anleihen. Allerdings muss hier das Währungsrisiko beachtet werden. Für Auslandsanleihen haben sich bestimmte Bezeichnungen auf dem Markt etabliert. So nennt man beispielsweise auf US-Dollar lautende Anleihen, die in den USA von einem ausländischen Emittenten platziert werden, Yankee Bonds. Auf Yen lautende Anleihen, die in Japan von einem nicht-japanischen Emittenten platziert werden,

werden Samurai Bonds genannt. Pendants dazu bilden Bulldog Bonds (Großbritannien), Matador Bonds (Spanien) oder Kangaroo Bonds (Australien).

Euro-Anleihen (Eurobonds)
Euro-Anleihen bezeichnen Anleihen, die in einer anderen Währung emittiert werden als die Währung in dem Land, in dem sie gehandelt werden. Wenn beispielsweise ein deutsches Unternehmen in Großbritannien eine Anleihe in US-Dollar emittiert, so spricht man von einer Euro-Dollar-Anleihe. Der Begriff Euro-Anleihe steht in keinem Zusammenhang zu der Währung Euro und ist lange vor der Einführung des Euro entstanden.

Fragen zur Lernkontrolle
1. Bitte beurteilen Sie, welche Aussagen richtig sind.
   - ☐ Nullkupon-Anleihen sehen eine laufende Verzinsung während der Laufzeit einer Anleihe vor, jedoch keine Tilgung des Nennbetrags.
   - ☐ Auslandsanleihen sind Anleihen, die ausschließlich von einem Emittenten außerhalb von Europa platziert werden.
   - ☐ Der Inhaber einer Festzinsanleihe hat einen Anspruch auf die fixen Zinszahlungen sowie die Rückzahlung des Nennbetrags.
   - ☐ Die Zinssätze von variabel verzinsten Anleihen orientieren sich an Referenzzinssätzen wie dem EURIBOR oder LIBOR.
2. Wovon hängt die Entscheidung in der Regel ab, ob ein Investor eine festverzinsliche oder variabel verzinste Anleihe kauft?

   _____
   _____
   _____

3. Die Verzinsung einer Anleihe ...
   - ☐ ... wird bei einer inflationsindexierten Anleihe an den LIBOR gekoppelt.
   - ☐ ... wird als variabel bezeichnet, wenn sich die Zinszahlungen während der Laufzeit verändern.
   - ☐ ... kann nicht nach oben begrenzt sein, wenn die Zinsen variabel sind.
   - ☐ ... ist bei einer Nullkupon-Anleihe über die Laufzeit nicht vorgesehen.
4. Was trifft auf eine Wandelanleihe zu?
   - ☐ Diese Anleihe sieht keinen festen Zeitpunkt für eine Rückzahlung vor.
   - ☐ Diese Anleihe ist mit einer Gewinnbeteiligung ausgestattet, das heißt, der Anleger wird am Gewinn des Emittenten beteiligt.
   - ☐ Diese Anleihen geben dem Halter das Recht, die Anleihe innerhalb einer vereinbarten Frist und zu einem bestimmten Bezugsverhältnis in Aktien umzuwandeln.
   - ☐ Diese Anleihen werden in einer anderen Währung emittiert, als von dem Land, in dem sie gehandelt werden.

3.3 Rating

Das **Rating** bezeichnet die Beurteilung der Bonität, also der Kreditwürdigkeit, eines Emittenten. Das heißt, ein Rating trifft eine Aussage darüber, ob und in welchem Umfang ein Emittent die von ihm versprochenen Zins- und Tilgungsleistungen erfüllen kann. Das Rating hat somit wesentliche Auswirkungen auf die Höhe des Zinssatzes sowie die Kondition der zu emittierenden Anleihe und dient in erster Linie dem Gläubiger, das Risiko einer Investition einzuschätzen. Die Ratingagenturen werden allerdings von Emittenten beauftragt.

▶ Das **Rating** ist die Bewertung der Bonität des Schuldners.

Die Funktionen des Ratings umfassen folgende Bereiche:

- Erhöhung der Transparenz auf dem Kapitalmarkt
- Reduktion der Informationsbeschaffungskosten
- Senken der Misstrauensaufschläge auf die Rendite
- Verkleinerung der Differenz zwischen dem Brief- und Geldkurs einer Anleihe, der sogenannten Geld-Brief-Spanne. Der Briefkurs bezeichnet den Preis, zu dem das Wertpapier angeboten wird, der Geldkurs ist der Nachfragepreis.
- Verbesserte Verhandlungsposition des Emittenten gegenüber Gläubigern
- Erschließung nationaler und internationaler Märkte durch den Emittenten

Das Rating wird von privaten unabhängigen Ratingagenturen vorgenommen. Zu den bedeutendsten zählen dabei Moody's, Standard & Poor's (S&P) und Fitch. Diese drei Ratingagenturen beherrschen etwa 95 % des Marktes für Ratings. Die Ratingagenturen bewerten sowohl Unternehmen als auch Staaten. Dabei werden sowohl qualitative als auch quantitative Kriterien miteinbezogen und anschließend in einem Ratingcode, der je nach Ratingagentur unterschiedlich ist, zusammengefasst. Gemeinsam ist allen Beurteilungen jedoch, dass mit sinkendem Rating der Risikoaufschlag höher wird, da damit auch das Ausfallrisiko steigt. Die Ergebnisse des Ratings unterliegen einer dauerhaften Kontrolle und Anpassung. Anleihen können während ihrer Laufzeit entweder hochgestuft (Upgrading) oder herabgestuft (Downgrading) werden. Manche Anleihen sind mit Step-up- oder Step-down-Kupons ausgestattet. Hierbei wird der Nominalzins je nach Hochstufung oder Herabstufung gesenkt oder erhöht.

Die Abstufungen der drei Ratingagenturen reichen von A bis D (Tab. 3.2). Die Bewertung von Triple A (AAA und Aaa) ist dabei das Maximum, was erreicht werden kann. Diese Bewertung umfasst eine Ausfallwahrscheinlichkeit von unter 1 %, gerechnet auf zehn Jahre. Double -B-Bewertungen haben bereits ein Ausfallrisiko von über 20 %. Der Bereich zwischen AAA bzw. Aaa und BBB− bzw. Baa3 wird als „Investment Grade" bezeichnet. Anleihen mit einem niedrigeren Rating als BBB zählen zu den oben

Tab. 3.2 Bonitätsbewertung von Moody's und Standard & Poor's (S&P) (Quelle: eigene Darstellung)

Bonitätsbewertung	Moody's	Standard & Poor's	
Höchste Bonität			**Investment Grade**
Höchste Kreditwürdigkeit	Aaa	AAA	
Sehr gute Bonität			
Hohe Kreditwürdigkeit bei geringem Risiko	Aa1 Aa2 Aa3	AA+ AA AA−	
Gute Bonität			
Überdurchschnittlich gute Kreditwürdigkeit mit einzelnen Risiken	A1 A2 A3	A+ A A−	
Zufriedenstellende Bonität			
Durchschnittliche Kreditwürdigkeit mit einzelnen Risiken	Baa1 Baa2 Baa3	BBB+ BBB BBB−	
Spekulative Anleihen			
Unterdurchschnittliche Kreditwürdigkeit mit Risiken (etwas spekulativ)	Ba1 Ba2 Ba3	BB+ BB BB−	**Non-Investment Grade**
Geringe Kreditwürdigkeit mit Risiken (spekulativ)	B1 B2 B3	B+ B B−	
Junk Bonds (hoch spekulativ)			
Hohes Risiko des Ausfalls	Caa Ca C	CCC CC C	
Sichere Zahlungsunfähigkeit	–	D	

erwähnten Junk Bonds, also zu spekulativen Anlagen. Bei Anleihen dieser Art ist die Wahrscheinlichkeit, dass die Zinszahlung oder Tilgung bei Fälligkeit ausfällt, sehr. Zusätzlich zu den Buchstabenkombinationen verwenden Moody's und S&P Ziffern von 1 bis 3 bzw. Plus (+) und Minus (−). Diese Spezifizierung dient der feineren Abstufung. Institutionelle Investoren (zum Beispiel Versicherungen oder Investmentfonds) erwerben in der Regel nur Anleihen, welche ein Rating erhalten haben und zwar mit einer Bewertung von mindestens Baa3 (Moody's) oder BBB− (S&P).

Die Urteile der Ratingagenturen haben einen erheblichen Einfluss auf die Anleger, Unternehmen und sogar Staaten. Während der Finanzkrise ab 2008 kamen die Ratingagenturen unter Kritik, da sie hochriskante Papiere lange Zeit als risikoarme Anlagen eingestuft haben. Auch im Zuge der Eurokrise hat die Reputation der Ratingagenturen gelitten. So wurden sie von Staaten verklagt, die zu einer ungünstigen Zeit herabgestuft wurden, was zur Verschärfung der Krise geführt haben soll. Als Konsequenz wurden

2013 härtere Auflagen innerhalb der EU beschlossen. Ratingagenturen können nun für fehlerhafte Beurteilungen haftbar gemacht werden. Staatsschulden-Bewertungen dürfen zudem nur zu bestimmten Zeitpunkten herausgegeben werden.

Fragen zur Lernkontrolle
1. Welche Funktionen umfasst das Rating?
   ☐ Reduktion der Informationsbeschaffungskosten
   ☐ Erhöhung der Transparenz auf dem Kapitalmarkt
   ☐ Senken der Misstrauensaufschläge auf Renditen
   ☐ Beratung für emittierende Unternehmen
2. Geben Sie an, ob die folgende Aussage richtig oder falsch ist.
   „Das Rating bezeichnet die Beurteilung der Bonität, also der Kreditwürdigkeit eines Emittenten."
   ☐ Richtig
   ☐ Falsch
3. Welche der folgenden Aussagen bezüglich des Ratings von Anleihen durch die Ratingagenturen sind richtig?
   ☐ Das Rating der Anleihen durch externe Ratingagenturen hat keine große Bedeutung, da die Veröffentlichung der Jahresabschlüsse ausreichend Information über den Emittenten bietet.
   ☐ Das Ratingergebnis für eine Anleihe kann einen Einfluss auf die Kuponhöhe haben.
   ☐ Junk Bonds haben ein sehr niedriges Rating.
   ☐ Bei Step-up-Kupons wird der Nominalzins nach Hochstufung durch eine Ratingagentur erhöht.

3.4 Private vs. öffentliche Platzierung

Hinsichtlich der Platzierung von Anleihen sind zwei Arten zu unterscheiden: die private Platzierung (private placement) und die öffentliche Platzierung (public offering). Neben der Unterscheidung nach der adressierten Investorengruppe kann die Emission der Anleihen auch in Selbst- oder Fremdemission erfolgen.

Bei der **privaten Platzierung** einer Anleihe ist die Emission nur an einen begrenzten Kreis der Anleger gerichtet. Die Anleger können Privatpersonen oder institutionelle Anleger wie Banken oder Versicherungen sein. Somit findet die Emission unter Ausschluss eines Handelsplatzes statt. Marktrechtliche Bestimmungen spielen bei der privaten Platzierung eine untergeordnete bis keine Rolle. Auch unterliegt der Emittent keinen speziellen Vorschriften bezüglich der Publizitätspflichten wie der Prospekterstellung oder der Veröffentlichung von Finanzberichten. Es ist somit eine einfachere und kostengünstigere Methode der Emission. Die Platzierung der Anleihen kann durch den Emittenten selbst (Selbstemission) oder aber durch eine Bank übernommen werden (Fremdemission). Die Bank übernimmt die Anleihe auf eigene Rechnung und fungiert in dem Fall als Agent zwischen dem Käufer und dem Verkäufer. Übernimmt der Emittent die Platzierung selbst, so trägt er auch das Absatzrisiko. Kreditinstitute übernehmen bei Selbstemission nur die Rolle der Zeichnungsstelle. Die fehlende regulatorische Aufsicht stellt bei der Privatplatzierung ein gewisses Risiko dar. Des Weiteren ist die Fungibilität der Anleihen beschränkter als bei einer öffentlichen Platzierung.

Die **öffentliche Platzierung** (public offering) richtet sich an eine unbestimmte Investorengruppe und findet über den anonymen Kapitalmarkt statt. Die öffentliche Platzierung muss in Deutschland von der Bundesanstalt für Finanzdienstleistungsaufsicht (BaFin) bewilligt werden. Außerdem besteht bei öffentlichen Platzierungen eine Prospektpflicht. Die Platzierung findet in der Regel mittels Fremdemission durch ein sogenanntes Platzierungskonsortium, einem Zusammenschluss mehreren Banken, statt. Dabei kann man zwischen einem Übernahmekonsortium (Konsortium übernimmt alle Anleihen und trägt das Risiko) und einem Begebungskonsortium (Konsortium vermittelt die Anleihen, Risiko bleibt beim Emittenten) unterscheiden.

Fragen zur Lernkontrolle
1. Welche Aussagen bezüglich der privaten Platzierung von Anleihen sind richtig?
   ☐ Bei der privaten Platzierung einer Anleihe ist die Emission nur an einen begrenzten Kreis der Anleger gerichtet.
   ☐ Die Anleger können nur Privatpersonen sein.
   ☐ Der Emittent unterliegt keinen speziellen Vorschriften bezüglich der Publizitätspflichten wie Prospekterstellung oder Finanzberichte.
   ☐ Die private Platzierung der Anleihen wird in der Regel durch ein Bankenkonsortium durchgeführt.
2. Wie ist die öffentliche Platzierung von Anleihen definiert? Füllen Sie die Lücken im Text.
   Die öffentliche Platzierung, also das _____, richtet sich an eine unbestimmte Investorengruppe und findet über den anonymen Kapitalmarkt statt. Die Platzierung findet in der Regel mittels _____ durch das sogenannte Platzierungskonsortium, einem Zusammenschluss mehreren Banken, statt. Dabei kann man zwischen einem _____ (Konsortium trägt das Risiko) und einem _____ (Risiko bleibt beim Emittenten) unterscheiden.
3. Die Fremdemission …
   ☐ … findet in der Regel durch ein sogenanntes Platzierungskonsortium, einem Zusammenschluss mehrerer Banken, statt.
   ☐ … wird meist bei öffentlichen Platzierungen in Anspruch genommen.
   ☐ … durch ein Begebungskonsortium überträgt das Absatzrisiko auf das Konsortium.
   ☐ … ist bei privaten Platzierungen nicht möglich.

3.5 Lernkontrolle

Zusammenfassung

Die Emission von festverzinslichen Wertpapieren ist eine Möglichkeit zur Beschaffung von mittel- und langfristigen verbrieften Krediten. Festverzinsliche Wertpapiere sind Schuldverschreibungen und werden auch als Anleihen oder Bonds bezeichnet. Der Emittent nimmt dabei Fremdkapital bei mehreren Anlegern auf und zahlt dafür Zinsen. Des Weiteren verpflichtet er sich zur Rückzahlung des Nennwertes bei Fälligkeit. Anleihen können sowohl von Staaten, Unternehmen oder auch öffentlichen Institutionen emittiert werden.

Die Anleihearten unterscheiden sich meist bezüglich ihrer Zinszahlungsmodalitäten und Tilgungstermine. So gibt es beispielsweise Festzinsanleihen und variabel verzinste Anleihen oder Anleihen, welche ein festes Tilgungsdatum haben und ewige Anleihen, die keinen bestimmten Tilgungstermin vorsehen. Die Entscheidung für eine Anleihe hängt immer von der Investorenerwartung und seiner Risikobereitschaft ab.

Beim Kauf von Anleihen geht der Gläubiger ein Kreditrisiko ein, weshalb die Bonität des Emittenten eine entscheidende Rolle spielt. Hierbei helfen externe Ratings durch Ratingagenturen, die Kreditwürdigkeiten der Emittenten zu beurteilen und einzustufen. Die bedeutendsten Rating-Agenturen sind Moody's und Standard & Poor's.

Die Platzierung der Anleihen kann durch den Emittenten selbst erfolgen. Dabei spricht man von Selbstemission. Häufiger werden allerdings Agenten wie zum Beispiel Banken eingesetzt (Fremdemission). Diese fungieren als Mittler zwischen dem Verkäufer und den Käufern. Außerdem kann ein Emittent zwischen einer privaten Platzierung und einer öffentlichen Platzierung wählen. Bei einer privaten Platzierung richtet sich die Emission an einen begrenzten Investorenkreis unter Ausschluss des Kapitalmarktes. Bei einer öffentlichen Platzierung dagegen wird ein unbestimmter Investorenkreis angesprochen und die Emission erfolgt über Handelsplätze.

Übungsaufgaben

1. Anleihen können in unterschiedlichen Formen emittiert werden.
    a) Erläutern Sie die Unterschiede zwischen einer Anleihe mit fester und mit variabler Verzinsung.
    b) Wenn Sie in Zukunft steigende Kapitalmarktzinsen erwarten, in welche der beiden Anleihen würden Sie investieren? Begründen Sie Ihre Antwort.
2. Was sind die Vorteile einer privaten Platzierung gegenüber einer öffentlichen Platzierung?
3. Suchen Sie das aktuelle Rating der Volkswagen AG heraus und beurteilen Sie das Ergebnis.
4. Diskutieren Sie die Rolle der Ratingagenturen. Wo sehen Sie die Vor- und wo die Nachteile? Erläutern Sie diese an einem Beispiel aus der Praxis.

Literatur

Börse Frankfurt (2018): *Unternehmensanleihen,* URL: http://www.boerse-frankfurt.de/anleihen (Stand 22.06.2018).

Handelsblatt (2013): Apple nimmt 17 Milliarden Dollar ein, URL: http://www.handelsblatt.com/finanzen/maerkte/anleihen/rekord-emission-apple-nimmt-17-milliarden-dollar-ein/8145162.html (Stand: 11.07.2017).

Jahrmann, F.-U. (2009): *Finanzierung: Darstellung, Kontrollfragen, Aufgaben und Lösungen,* 6., vollständig überarbeitete Auflage, Neue Wirtschafts-Briefe, Herne/Berlin.

Perridon, L./Steiner, M./Rathgeber, A. W. (2016): *Finanzwirtschaft der Unternehmung,* 17., überarbeitete und erweiterte Auflage, Franz Vahlen, München.

Prätsch, J., Schikorra, U., Ludwig, E., (2012): *Finanzmanagement: Lehr- und Praxisbuch für Investition, Finanzierung und Finanzcontrolling,* 4., erweiterte und überarbeitete Auflage, Springer, Berlin.

Weiterführende Literatur zum Selbststudium

Diwald, H. (2012): Anleihen verstehen: Grundlagen verzinslicher Wertpapiere und weiterführende Produkte, Deutscher Taschenbuch Verlag, S. 15–112, 243–270.

Guserl, R./Pernsteiner, H. (2013): Handbuch Finanzmanagement in der Praxis, 2. Auflage, Springer-Verlag, S. 306–365.

Pape, U. (2015): Grundlagen der Finanzierung und Investition: Mit Fallbeispielen und Übungen, 3., überarbeitete und erweiterte Auflage, Oldenbourg Wissenschaftsverlag, München, S. 168–192.

Innenfinanzierung

4

> **Lernziele**
> Nach der Bearbeitung dieses Kapitels werden Sie wissen, …
> … wie sich die offene von der stillen Selbstfinanzierung unterscheidet.
> … wie die Finanzierung aus Abschreibungen funktioniert.
> … wie Rückstellungen des Unternehmens zur Innenfinanzierung eingesetzt werden können.
> … wie die Finanzierung aus Veräußerung von Anlagevermögen die Liquidität eines Unternehmens erhöht.

> **Aus der Praxis**
> Die Meier AG ist auf die Herstellung hochwertiger Tische in Handarbeit spezialisiert. Im letzten Geschäftsjahr verkaufte das Unternehmen 250 Tische für je 100 €. Für die Herstellung der Tische wurden Materialien im Wert von insgesamt 50 € pro Tisch benötigt. Für die Angestellten der Meier AG entstanden Kosten in Höhe von insgesamt 4.000 €. Die Gewinn- und Verlustrechnung der Meier AG sieht wie folgt aus.

Umsatzerlöse	25. 000 € (250 · 100 €)
Materialaufwand	−12.500 € (250 · 50 €)
Personalaufwand	−4.000 €
Jahresüberschuss (Bilanzgewinn)	8.500 €

Nach dem Geschäftsjahr stehen der Meier AG also 8.500 € zur Verfügung. Der Jahresüberschuss kann grundsätzlich im Rahmen der Innenfinanzierung Verwendung finden. Die Aktionäre müssen nun auf der Hauptversammlung entscheiden, wie dieser Bilanzgewinn verwendet wird. Der Betrag kann an die Anteilseigner ausgeschüttet oder einbehalten werden.

Die **Innenfinanzierung** umfasst die Beschaffung der finanziellen Mittel aus eigener Finanzkraft, das heißt, der Kapitalbedarf wird aus dem Umsatzprozess des Unternehmens ohne Zuführung von Eigen- oder Fremdkapital von außen gedeckt. Hier stehen also nicht die Finanzmärkte, sondern Absatzmärkte im Mittelpunkt. Die Innenfinanzierung kann nur erfolgen, wenn das Unternehmen einen Jahresüberschuss erzielt und ihm liquide Mittel aus betrieblichen und außergewöhnlichen Umsatzprozessen zufließen. Betriebliche Umsatzprozesse beinhalten beispielsweise leistungswirtschaftliche Einzahlungen von Kunden, außergewöhnliche Umsatzprozesse umfassen Erträge aus Finanzanlagen oder Verkäufe von Aktiva.

Die Innenfinanzierung kann auf unterschiedlichen Wegen stattfinden und umfasst in der Regel die offene und stille Selbstfinanzierung, Finanzierung aus Abschreibungen, Finanzierung aus Rückstellungen oder der Finanzierung durch Veräußerung von Anlagevermögen (vgl. Abb. 4.1). Auf diese vier Formen der Innenfinanzierung wollen wir im Folgenden näher eingehen.

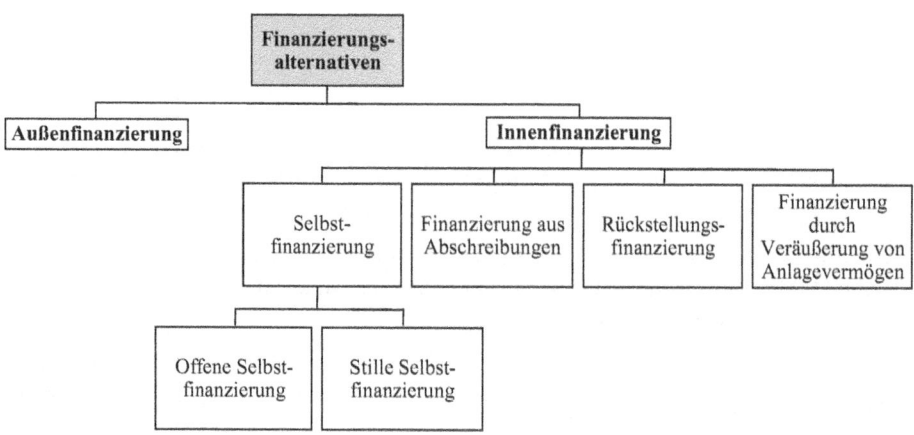

Abb. 4.1 Finanzierungsalternativen der Innenfinanzierung (Quelle: eigene Darstellung)

4.1 Selbstfinanzierung

Die **Selbstfinanzierung** als eine Form der Innenfinanzierung umfasst die Finanzierung aus den im Unternehmen einbehaltenen Gewinnen. In diesem Fall verzichten die Eigenkapitalgeber teilweise oder vollständig auf Ausschüttung oder Entnahme des erwirtschafteten Gewinns einer Geschäftsperiode. Das Einbehalten der Gewinne wird als Gewinnthesaurierung bezeichnet. Die Gewinnthesaurierung kann maximal die Höhe des einbehaltenen Gewinns nach Steuern betragen.

▶ **Selbstfinanzierung** umfasst die Finanzierung aus den im Unternehmen einbehaltenen Gewinnen.

Offene Selbstfinanzierung
Die **offene Selbstfinanzierung** erfolgt über den im Jahresabschluss ausgewiesenen und versteuerten Gewinn und ist somit bilanziell erkennbar. Es darf sich nicht um Buchgewinne, zum Beispiel aus der Aufwertung eines Aktivpostens, handeln, sondern um echte unternehmerische Gewinne. Die Einbehaltung des Gewinns führt zu einer Erhöhung des Eigenkapitals. Bei Kapitalgesellschaften erfolgt die Zuführung der thesaurierten Gewinne zu den „Gewinnrücklagen". In Einzelunternehmen und Personengesellschaften wird durch die offene Selbstfinanzierung das Kapitalkonto erhöht.

▶ **Merke!** Offene Selbstfinanzierung umfasst die Finanzierung durch die im Unternehmen erwirtschafteten und belassenen Gewinne.

> **Beispiel**
> Die CarSharing AG hat einen Bestand von 50 Autos im Wert von jeweils 30.000 €. Dazu kommen Bürogebäude und Reparaturhallen. Das Anlagevermögens in der Gesamthöhe von 300.000 € wird zu 40 % mit Eigenkapital in Höhe von 120.000 € sowie zu 60 % durch ein Bankdarlehen in Höhe von 180.000 € finanziert. Der Gewinn nach Steuern im Geschäftsjahr betrug 30.000 €.
>
> Sofern die CarSharing AG den Gewinn (vollständig) einbehält, liegt eine Innenfinanzierung in Form einer offenen Selbstfinanzierung vor. Das Unternehmen kann daraus einen weiteren PKW im Wert von 30.000 € finanzieren.

Für Aktiengesellschaften ist eine Gewinnthesaurierung sogar gesetzlich vorgeschrieben. Aktiengesellschaften sind dazu verpflichtet 5 % in die Rücklagen einzustellen, bis diese Rücklagen 10 % des Grundkapitals der Gesellschaft bilden. Die Satzung kann auch eine höhere Rücklagenbildung vorschreiben.

> **Beispiel**
> Eine Aktiengesellschaft hat zum Bilanzstichtag 31.12. ein Grundkapital in Höhe von 5.000.000 €. Die Kapitalrücklage beträgt 250.000 €, die Gewinnrücklagen betragen 150.000 €. Der Jahresüberschuss nach Steuern für das Geschäftsjahr beträgt 500.000 €.

In diesem Geschäftsjahr müssen somit mindestens 25.000 € (5 % von 500.000 €) in die gesetzliche Rücklagen als Teil der Gewinnrücklagen eingestellt werden, da die Summe in Höhe von 400.000 € aus bisheriger Kapitalrücklage und Gewinnrücklagen sich auf weniger als 500.000 € (10 % des Grundkapitals) beläuft.

Die einbehaltenen Gewinne unterliegen der Körperschafts- bzw. Einkommenssteuer und der Gewerbesteuer. Für die offene Selbstfinanzierung wird daher der bereits versteuerte Bilanzgewinn in die Eigenkapital- und Rücklagenkonten überführt und verwendet. Die Gewinnbesteuerung soll im Folgenden am Beispiel einer Kapitalgesellschaft gezeigt werden.

Folgende Steuern müssen dabei beachtet werden:

- Körperschaftsteuer (KSt): Die Körperschaftsteuer beträgt 15 % auf den Gewinn vor Steuern
- Gewerbesteuer (GewSt): Bei der Berechnung der Gewerbesteuer muss die Gewerbesteuermesszahl und der Gewerbesteuerhebesatz berücksichtigt werden.
  - Die Gewerbesteuermesszahl beträgt bundeseinheitlich 3,5 %
  - Der Gewerbesteuerhebesatz wird von der Gemeinde bestimmt, in der das Unternehmen seinen Sitz hat. Er kann auch null betragen, liegt aber meist zwischen 300 und 600 %
  - Gewerbesteuer = Gewerbesteuermesszahl · Gewerbesteuerhebesatz · Gewinn vor Steuern
- Solidaritätszuschlag (SolZ): Der Solidaritätszuschlag beträgt 5,5 % der Körperschaftsteuer

Beispiel

Die Nuss AG erzielt einen Gewinn von 10.000 € vor Steuern, der vollständig thesauriert werden soll. Wie hoch ist der Selbstfinanzierungsbetrag, wenn Gewerbesteuersatz der Gemeinde, in der das Unternehmen seinen Sitz hat, 400 % beträgt?

Gewinn vor Steuern	10.000,00 €
Körperschaftsteuer (15 % von 10.000 €)	−1.500,00 €
Gewerbesteuer (3,5 % · 400 % · 10.000 €)	−1.400,00 €
Solidaritätszuschlag [5,5 % der Körperschaftsteuer (5,5 % von 1500 €)]	−82,50 €
Gewinn nach Steuern	7.017,50 €

Bei einem Gewinn von 10.000 € vor Steuern entspricht der Selbstfinanzierungsbetrag für die Nuss AG somit 7.017,50 €. Der gesamte Steuerabzug beträgt 2.982,50 €, was einem Durchschnittssteuersatz von 29,83 % entspricht.

Bei der offenen Selbstfinanzierung kann es zwischen den Interessen der Anteilseigner und des Unternehmens zu Zielkonflikten kommen. Die Anteilseigner sind an einer möglichst hohen Ausschüttung des Gewinns interessiert, während das Unternehmen

4.1 Selbstfinanzierung

eine möglichst geringe Ausschüttung des Gewinns bevorzugt, um das Unternehmen mit Finanzmitteln zu stärken.

Stille Selbstfinanzierung

Die **stille Selbstfinanzierung** erfolgt aus der Einbehaltung nicht ausgewiesener Gewinne und ist folglich bilanziell nicht ersichtlich. Die stille Selbstfinanzierung unterscheidet sich von der Innenfinanzierung durch die der Realität entsprechenden Abschreibungen und Rückstellungen insofern, als dass die stille Selbstfinanzierung nicht die korrekte oder wahre Bewertung der Bilanzposten vornimmt. Diese Form der Selbstfinanzierung umfasst die Bildung von stillen Reserven. Stille Reserven können durch eine Unterbewertung von Vermögenswerten, eine Überbewertung von Rückstellungen oder eine Nichtaktivierung von Vermögensteilen gebildet werden. Ferner kann zwischen externen und internen Ursachen unterschieden werden. Externe Ursachen sind beispielsweise Wertsteigerung von Wertpapieren oder Vermögensgegenständen. Interne Ursachen können Bilanzierungsmöglichkeiten sein (zum Beispiel Nichtaktivierung aktivierungsfähiger bzw. geringwertiger Wirtschaftsgüter).

▶ **Merke! Stille Selbstfinanzierung** umfasst die Bildung von stillen Reserven.

Die Bildung von stillen Reserven kann mithilfe von Anlagevermögen stattfinden. Wird ein Vermögensgegenstand gekauft und über die betriebsübliche Nutzungsdauer abgeschrieben, steht zwar in der Bilanz ein Restwert von einem Euro, der tatsächliche Wert des Gegenstandes kann jedoch weitaus höher liegen. Die Differenz zwischen dem Bilanzwert und dem Wiederbeschaffungswert des Vermögensgegenstands ist die stille Reserve. Durch die jährlichen Abschreibungen, die größer als der wahre Wertverlust sind, wird der Vorsteuergewinn stärker reduziert, was zunächst einen Steuervorteil für das Unternehmen verschafft. Bis der abgeschriebene Vermögensgegenstand zu seinem Zeitwert veräußert und dadurch die stille Reserve aufgedeckt oder aufgelöst wird, steht der Steuervorteil dem Unternehmen als zinsloses Darlehen zur Verfügung.

> **Beispiel**
> Der Firmenwagen eines Unternehmens hat einen Anschaffungswert von 32.000 €. Entsprechend den gesetzlichen Vorschriften wird dieser über vier Jahre linear abgeschrieben. Die jährlichen Kosten der Abschreibung betragen somit 8.000 €. Nach vier Jahren sollte der Firmenwagen keinen Wert mehr in den Büchern des Unternehmens aufweisen. Er kann aber für 1.000 € verkauft werden. Diese Wertdifferenz zwischen dem tatsächlichen Wert des Firmenwagens nach vier Jahren und dem Buchwert ist die stille Reserve.

Die offene Selbstfinanzierung unterscheidet sich von der stillen Selbstfinanzierung vor allem dadurch, dass bei der offenen Selbstfinanzierung der Gewinn nach Steuern einbehalten und offen in der Bilanz ausgewiesen wird. Bei der stillen Selbstfinanzierung werden die Steuern zunächst nur gestundet. Die Auflösung der stillen Reserven zu einem späteren Zeitpunkt erhöht jedoch den Gewinn und führt somit zu einer höheren Steuerlast.

Die Selbstfinanzierung bietet einige Vorteile für ein Unternehmen. So wird eine Unabhängigkeit vom Kapitalmarkt sichergestellt. Da die Gläubigerstruktur unverändert bleibt, wird der Einfluss Dritter auf die Kapitalverwendung eingeschränkt. Dividenden-, Zins- oder Tilgungszahlungen entfallen und stellen somit keine Liquiditätsbelastung für das Unternehmen dar. Die Selbstfinanzierung erhöht die Eigenkapitalbasis. Dies resultiert in einer höheren Eigenkapitalquote und verbesserten Bonität des Unternehmens. Des Weiteren sind Unternehmen in wirtschaftlich schwächeren Zeiten gestärkter. Die stille Selbstfinanzierung bietet darüber hinaus gewisse Steuervorteile, da die Steuerlast durch einen geringeren Gewinnausweis gemindert wird. Allerdings wird die Steuerlast nur aufgeschoben, bis die stillen Reserven aufgelöst werden.

Fragen zur Lernkontrolle
1. Die Truck AG erzielt einen Gewinn von 15.000 € vor Steuern, der vollständig thesauriert werden soll. Wie hoch ist der Selbstfinanzierungsbetrag, wenn Gewerbesteuersatz der Gemeinde, in der das Unternehmen seinen Sitz hat, 400 % beträgt
   - ☐ 7.500,65 €
   - ☐ 9.657,90 €
   - ☐ 10.250,55 €
   - ☐ 10.526,25 €
2. Die Klug AG besitzt eine Maschine mit einem Anschaffungswert von 25.000 €. Sie wird linear über vier Jahre abgeschrieben. Nach vier Jahren hat die Maschine noch einen Marktwert von 13.000 €. Wie kann die stille Reserve bestimmt werden?
   - ☐ Die stille Reserve entspricht dem Marktwert der Maschine nach vier Jahren.
   - ☐ Die stille Reserve ist der aktuelle Marktwert minus Anschaffungswert.
   - ☐ Die stille Reserve ist die Differenz zwischen dem Marktwert und dem Buchwert der Maschine nach den vier Jahren.
   - ☐ Es ist in diesem Fall keine stille Reserve vorhanden.
3. Stille Selbstfinanzierung liegt vor, wenn …
   - ☐ … Gewinne nicht ausgewiesen und damit auch diese nicht ausgeschüttet werden.
   - ☐ … Aktiengesellschaften gesetzliche Rücklagen bilden.
   - ☐ … ein stiller Gesellschafter aufgenommen wird.
   - ☐ … Vermögensgegenstände unterbewertet werden.

4.2 Finanzierung aus Abschreibungen

Bei der **Finanzierung aus Abschreibungen** wird kein neues Kapital gebildet. Finanzierung aus Abschreibungen umfasst vielmehr eine Vermögensumschichtung. Dabei wird das Vermögen in liquide Mittel zurückgeführt. Abschreibungen werden als Kostenbestandteil der mit dem Vermögensgegenstand hergestellten Produkte betrachtet. Die Abschreibungskosten werden über den Umsatz erwirtschaftet und stehen somit dem Unternehmen in liquider Form zur Verfügung. Das setzt voraus, dass die am Markt

4.2 Finanzierung aus Abschreibungen

erzielten Verkaufspreise kostendeckend sind. Die Abschreibungsgegenwerte müssen tatsächlich über die verkauften Produkte in Form von liquiden Mitteln in das Unternehmen zurückgeflossen sein. Werden die Produkte nur auf Lager produziert, so fehlt der Rückfluss an liquiden Mitteln. Abschreibungen sind rein buchhalterische Vorgänge. Anders als zum Beispiel Löhne werden Abschreibungskosten nicht ausgezahlt. Bei der Abschreibungsfinanzierung werden zwei Effekte unterschieden: der Kapitalfreisetzungseffekt und der Kapazitätserweiterungseffekt.

Kapitalfreisetzungseffekt

Der **Kapitalfreisetzungseffekt** umfasst eine vorübergehende Kapitalfreisetzung durch den Rückfluss von Abschreibungsgegenwerten. Die Abschreibungsgegenwerte werden erst am Ende der Nutzungsdauer verwendet, um den Vermögensgegenstand zu ersetzen. Der durch den Umsatzprozess generierte Rückfluss der investierten Mittel steht bis zum Ende der Nutzungsdauer zur Verfügung und wird nicht sofort für Ersatzinvestitionen verwendet und kann dadurch vorübergehend für andere Zwecke eingesetzt werden. So kann ein Unternehmen neue Sachinvestitionen tätigen, die Mittel anlegen, bis ein Ersatz für den abgeschriebenen Vermögensgegenstand benötigt wird, oder das Kapital nutzen, um bestehende Verbindlichkeiten zu tilgen.

▶ Der **Kapitalfreisetzungseffekt** bezeichnet eine vorübergehende Kapitalfreisetzung durch den Rückfluss von Abschreibungsgegenwerten.

Betrachten wir hierzu noch einmal unser Beispiel der CarSharing AG.

> **Beispiel**
> Das Unternehmen hat einen Bestand von 50 PKW im Wert von jeweils 30.000 €. Das Anlagevermögens in der Gesamthöhe von 300.000 € wird zu 40 % mit Eigenkapital in Höhe von 120.000 € sowie zu 60 % durch einen Bankkredit in Höhe von 180.000 € finanziert.
> Die Umsatzerlöse im laufenden Geschäftsjahr betragen 1.500.000 €. Von diesem Betrag werden Abschreibungen in Höhe von 75.000 € linear abgerechnet. Die Abschreibung ergibt sich aus dem Quotienten von Anlagevermögen und vier Jahre Nutzungsdauer. Der Gewinn nach Steuern im Geschäftsjahr beträgt 75.000 € (andere Kosten und Steuern bleiben unberücksichtigt). Die Abschreibungen sind nicht auszahlungswirksam, das heißt, CarSharing fließen 1.500.000 € aus Umsatzerlösen zu. Davon sind 75.000 € Abschreibungskosten, welche freigesetzt sind und beispielsweise zur Tilgung des Bankkredits oder für neue Investitionen eingesetzt werden können.

Kapazitätserweiterungseffekt (Lohmann-Ruchti-Effekt)

Entscheidet sich ein Unternehmen, die liquiden Mittel aus der Kapitalfreisetzung vor Ende der Nutzungsdauer des Vermögensgegenstandes für neue Investitionsgüter zu nutzen, so führt dies zu dem sogenannten **Kapazitätserweiterungseffekt,** ohne dass neues

Kapital von außen zugeführt werden muss. Die Reinvestition erhöht den Bestand an Vermögensgegenständen und damit auch die Kapazität.

> **Beispiel**
>
> Die Windpark AG kauft fünf Maschinen im Wert von je 4.000 €. Die Nutzungsdauer beträgt 4 Jahre. Die Abschreibungsgegenwerte werden am Ende des Jahres in neue Maschinen investiert. Die folgende Tabelle zeigt die Höhe der jährlichen Abschreibungen und damit den Liquiditätszufluss sowie die Erweiterung der Kapazität.

Jahr	Anzahl der Maschinen	Wert der Maschinen	Abschreibung	Zur Verfügung stehende Mittel	Reinvestition	Restbetrag	Wegfallende Maschinen
1	5	20.000	5.000	5.000	4.000	1.000	0
2	6	19.000	6.000	7.000	4.000	3.000	0
3	7	17.000	7.000	10.000	8.000	2.000	0
4	9	18.000	9.000	11.000	8.000	3.000	5
5	6	17.000	6.000	9.000	8.000	1.000	1
6	7	19.000	7.000	8.000	8.000	0	1
7	8	20.000	8.000	8.000	8.000	0	2
8	8	20.000	8.000	8.000	8.000	0	2

Die Windpark AG fängt im Jahr 1 mit fünf Maschinen an. Die Abschreibungen für die fünf Maschinen mit Anschaffungskosten von 20.000 € betragen bei einer unterstellten vierjährigen Nutzungsdauer 5.000 €. Nach dem ersten Jahr kann aus dem durch die Abschreibungen freigesetzten Kapital von 5.000 € eine zusätzliche Maschine für 4.000 € angeschafft werden. Die restlichen 1.000 € erhöhen die Liquidität und stehen im nächsten Jahr für weitere Investitionen zur Verfügung. Diese Kapazitätserweiterung um eine Maschine ist der Lohmann-Ruchti-Effekt. Im zweiten Jahr verfügt die Windpark AG bereits über sechs Maschinen. Nach vier Jahren Nutzungsdauer verlassen fünf Maschinen aus Jahr 1 den Bestand. Das heißt, der Lohmann-Ruchti-Effekt wird hier geschmälert. Zu den vier übrig gebliebenen Maschinen können jedoch wieder mit den durch Abschreibung zur Verfügung stehenden Mitteln zwei zusätzliche Maschinen beschafft werden.

Das Ausmaß der Kapazitätserweiterung kann durch den Kapazitätserweiterungsfaktor (KEF) bestimmt werden. Bei linearer Abschreibung lässt sich dieser wie folgt berechnen:

$$\text{Kapazitätsweiterungsfaktor} = \frac{2}{1 + \frac{1}{n}}$$

Im obigen Beispiel beträgt der Kapazitätserweiterungsfaktor mit einer Nutzungsdauer von vier Jahren:

4.2 Finanzierung aus Abschreibungen

$$\text{Kapazitätsweiterungsfaktor} = \frac{2}{1 + \frac{1}{4}} = 1{,}6$$

Das heißt, mit einem Anfangsbestand von fünf Maschinen kann durch die Finanzierung aus Abschreibungsgegenwerten eine Kapazität von 5 · 1,6 = 8 Maschinen erreicht werden (60 % Steigerung), ohne dass zusätzliche Finanzierungsmaßnahmen in Anspruch genommen werden müssen. Der Kapazitätserweiterungseffekt kann maximal bis zu einer Verdoppelung der ursprünglichen Menge der Vermögensgegenstände führen (falls die Nutzungsdauer n gegen unendlich geht bzw. sehr lang ist).

Für die Praxis gilt es zu beachten, dass die tatsächliche Wertminderung nicht immer mit dem Abschreibungswert übereinstimmt. Handels- und steuerrechtliche Vorschriften verlangen in bestimmten Fällen, dass die Abschreibung in den ersten Nutzungsjahren höher angesetzt wird als die tatsächliche Wertminderung.

Damit der Lohmann-Ruchti-Effekt im Unternehmen ausgenutzt werden kann, müssen hierfür allerdings einige Voraussetzungen erfüllt sein:

- Die Investition erfolgt in Vermögensgegenstände gleicher Art.
- Die Wiederbeschaffungspreise ändern sich nicht.
- Nutzungsdauer und Abschreibungsdauer stimmen überein.
- Abschreibungen werden über die Umsatzerlöse eingenommen.

Fragen zur Lernkontrolle

1. Der Kapitalfreisetzungseffekt umfasst …
   - ☐ … die Erhöhung des Eigenkapitals durch die Gewinnthesaurierung.
   - ☐ … den Lohmann-Ruchti-Effekt.
   - ☐ … die Freisetzung von liquiden Mitteln aus Abschreibungen.
   - ☐ … die Kapazitätserweiterung aus Abschreibungen.

2. Die Schiff AG kauft fünf Schiffe im Wert von je 20.000 €. Die Nutzungsdauer beträgt 20 Jahre. Die Abschreibungsgegenwerte werden am Ende des Jahres in neue Schiffe investiert. Die Abschreibung erfolgt linear. Berechnen Sie das Ausmaß der Kapazitätserweiterung durch den Kapazitätserweiterungsfaktor (KEF).
   - ☐ 1,3
   - ☐ 1,6
   - ☐ 1,8
   - ☐ 1,9

3. Der Kapazitätserweiterungseffekt aus Abschreibungen kann nur unter bestimmten Voraussetzungen realisiert werden. Welche der folgenden Voraussetzungen müssen gegeben sein?
   - ☐ Die Investition in einen neuen Vermögensgegenstand erfolgt jedes Jahr.
   - ☐ Die Wiederbeschaffungspreise ändern sich nicht.
   - ☐ Nutzungsdauer und Abschreibungsdauer weichen voneinander ab.
   - ☐ Abschreibungen werden über die Umsatzerlöse eingenommen.

4.3 Finanzierung aus Rückstellungen

Rückstellungen sind Verbindlichkeiten, die hinsichtlich ihrem Eintritt, der Höhe und der Fälligkeit ungewiss sind. Im Allgemeinen liegt eine Verpflichtung gegenüber Dritten zu einer Zahlung oder einer anderen Leistung vor. Rückstellungen zählen neben anderen Verbindlichkeiten zum Fremdkapital und sind aus der Bilanz ersichtlich. Sie dienen dazu, künftige ungewisse Verbindlichkeiten periodengerecht in der laufenden Rechnungsperiode zu berücksichtigen.

Handelsrechtlich sind Rückstellungen grundsätzlich zu bilden für:

- ungewisse Verbindlichkeiten,
- drohende Verluste aus schwebenden Geschäften,
- unterlassene Aufwendungen für Instandhaltung, die im nächsten Geschäftsjahr anfallen,
- Gewährleistungen, die ohne rechtliche Verpflichtung erbracht werden.

Die Rückstellungen werden den Kosten des Produkts zugerechnet, für das die Rückstellungen gebildet worden sind. Die mit der Bildung der Rückstellung verbundene Aufwandsverbuchung führt zugleich zu einer Minderung des auszuweisenden Gewinns. Da die Auszahlung, die Grund der Rückstellung ist, erst zu einem späteren Zeitpunkt erfolgt, fließen zum Zeitpunkt der Rückstellungsbildung keine finanziellen Mittel ab. Fließt dem Unternehmen der Gegenwert der Rückstellung durch Umsatzerlöse zu, ergibt sich eine Finanzierungswirkung. Zusätzlich vermindert sich aufgrund der Rückstellung der zu versteuernde Gewinn und damit die Steuerbelastung. Im Vergleich zur Selbstfinanzierung muss auf Rückstellungen keine Ertragssteuer gezahlt werden. Das heißt, der Finanzierungseffekt aus Rückstellungen übertrifft den aus einbehaltenen Gewinnen um die Ertragssteuer. Der Gewinn kann in der Zukunft entsprechend höher ausfallen, wenn die Rückstellung wieder aufgelöst wird. Die Steuerzahlung steigt dann entsprechend an. Für die Dauer der Rückstellung steht dem Unternehmen der entsprechende Rückstellungsbetrag und die gesparte Gewinnsteuer zur Verfügung. Rückstellungen haben auch eine Wirkung auf die auszuschüttenden Gewinne. Diese fallen geringer aus, da Rückstellungen als Aufwand verbucht werden und Betriebsausgaben bilden, welche steuerlich abzugsfähig sind. Dadurch wird der Gewinn und damit der Betrag für die Gewinnthesaurierung, also für die offene Selbstfinanzierung, gemindert.

Rückstellungen können in kurzfristige und langfristige Rückstellungen unterschieden werden. Kurzfristige Rückstellungen können für gewinnabhängige Steuern oder unterlassene Instandhaltung gebildet werden. Der Finanzierungseffekt aus den Rückstellungen ist umso wirksamer, je längerfristig die Rückstellungen sind. Zu den langfristigen Rückstellungen gehören beispielsweise Pensionsrückstellungen, das heißt die betriebliche Altersvorsorge für die Mitarbeiter. Die Pensionsrückstellungen bilden in der Regel den größten Posten der Rückstellungen. Die Höhe dieser Rückstellungen kann sehr unterschiedlich sein und wird beispielsweise durch die Inflationsrate oder die Höhe der Kapitalmarktzinsen beeinflusst. Diese Rückstellungen stehen dem Unternehmen bis zur Inanspruchnahme der Pensionszahlungen zur freien Verfügung. Da Pensionsrückstellungen meist lange vor dem Renteneintritt der Mitarbeiter gebildet werden, kann der

4.3 Finanzierung aus Rückstellungen

Finanzierungseffekt lange genutzt werden. Allerdings muss beachtet werden, dass die Finanzierungen aus Pensionsrückstellungen die Gefahr birgt, dass bei der tatsächlichen Auszahlung nicht ausreichend Finanzmittel zur Verfügung stehen.

> **Beispiel**
> Die Umsatzerlöse der Buch AG betragen im laufenden Geschäftsjahr auf 1.250.000 €. Für zahlungswirksame Aufwendungen (zum Beispiel Löhne und Gehälter) sind Kosten in Höhe von 750.000 € entstanden. Für die Mitarbeiterpensionen werden weitere 200.000 € an Rückstellungen gebildet. Der Jahresüberschuss bzw. Gewinn beläuft sich somit auf 300.000 € (Ertragsteuern bleiben unberücksichtigt). Dennoch sind der Buch AG 500.000 € als liquide Mittel zugeflossen. Die 200.000 € an Rückstellungen können definitiv für Investitionszwecke genutzt werden. Bei dem Jahresüberschuss in Höhe von 300.000 € kommt es darauf an, wie viel davon als Gewinn einbehalten wird und damit auch finanzierungswirksam ist. Pensionsrückstellungen werden gemindert, sobald sie in Anspruch genommen werden, das heißt bei Auszahlung im Versorgungsfall. Wenn in unserem Beispiel das Unternehmen entscheidet, dass der Jahresüberschuss und somit der Gewinn vollständig einbehalten werden würde, würde eine offene Selbstfinanzierung durch Gewinnthesaurierung (300.000 €) und eine Finanzierung aus Rückstellungen (200.000 €) vorliegen.

Fragen zur Lernkontrolle

1. Erläutern Sie kurz, warum es bei der Bildung von Rückstellungen zu einem Finanzierungseffekt kommt.

___

___

___

2. Geben Sie an, ob die folgende Aussage richtig oder falsch ist.
   „Durch die Bildung von Rückstellungen fallen die auszuschüttenden Gewinne geringer aus, da Rückstellungen als Aufwand verbucht werden und Betriebsausgaben darstellen, welche steuerlich abzugsfähig sind."
   ☐ Richtig
   ☐ Falsch

3. Die Umsatzerlöse der Hut AG betragen im laufenden Geschäftsjahr 1.000.000 €. Für zahlungswirksame Aufwendungen (zum Beispiel Löhne und Gehälter) sind Kosten in Höhe von 500.000 € entstanden. Für die Pensionsrückstellungen werden weitere 300.000 € abgeführt. Der Jahresüberschuss beläuft sich auf 200.000 € (Ertragsteuern bleiben unberücksichtigt). Welchen Betrag kann die Hut AG für Investitionszwecke nutzen?
   ☐ 200.000 €
   ☐ 300.000 €
   ☐ 500.000 €
   ☐ 1.000.000 €

4.4 Finanzierung aus Veräußerung von Vermögen

Das Unternehmen kann sich finanzielle Mittel durch die Veräußerung von Anlagevermögen beschaffen. Diese Vermögensumschichtung kann durch den Verkauf von nicht betriebsnotwendigem Anlagevermögen (Regelfall) sowie den Verkauf von betriebsnotwendigem Anlagevermögen (Ausnahmefall) geschehen. Bei beiden Optionen wird gebundenes Kapital aufgelöst und freigesetzt. Die zugeflossene Liquidität kann genutzt werden, um die Produktionskapazität auszuweiten. Neben der Veräußerung des Anlagevermögens kann auch das Umlaufvermögen verkauft werden. Diese Form umfasst die Liquidation von Wertpapieren im Umlaufvermögen, dem Verkauf von Forderungen (Factoring) oder der Senkung der Lagerbestände.

▷ Die Finanzierung aus **Veräußerung von Anlagevermögen** kann durch Verkauf von nicht betriebsnotwendigem Anlagevermögen sowie notfalls auch durch den Verkauf von betriebsnotwendigem Anlagevermögen geschehen.

Die Finanzierung aus Veräußerung von Anlagevermögen wird vorrangig mit nicht betriebsnotwendigen Vermögensgegenständen durchgeführt, zum Beispiel mit unbebauten Grundstücken, leer stehenden Gebäude oder ausgemusterten Maschinen. Diese Vermögensgegenstände werden vom Unternehmen nicht mehr genutzt und eignen sich daher besonders für den Verkauf. Neben der Zuführung von liquiden Mitteln durch die Veräußerung können hierbei im Unternehmen auch stille Reserven aufgelöst werden, da der Veräußerungspreis in der Regel über dem Buchwert liegt. Die Veräußerung von Anlagevermögen umfasst einen bilanziellen Aktivtausch. Während das Anlage- oder Umlaufvermögen gemindert wird, wird gleichzeitig der Bestand der liquiden Mittel um diesen Wert erhöht. Die Auflösung stiller Reserven führt zudem zur Bilanzverlängerung, da der Zufluss liquider Mittel höher als der Buchwert des verkauften Vermögensgegenstandes ist.

Kritischer ist der Verkauf von betriebsnotwendigem Kapital, da hierbei die betriebliche Leistungs- und somit die Ertragsfähigkeit eingeschränkt wird. Als betriebsnotwendiges Kapital wird das Umlauf- und Anlagevermögen bezeichnet, das zur Erfüllung des Unternehmenszwecks notwendig ist. Diese Art der Innenfinanzierung wird in der Praxis überwiegend bei drohender Zahlungsunfähigkeit eingesetzt.

Viele Unternehmen nutzen in diesem Fall das sogenannte **Sale-and-Lease-Back-Verfahren**, zu Deutsch Rückmietverkauf. Bei diesem Verfahren wird zwar betriebsnotwendiges Anlagevermögen vorerst an eine Leasinggesellschaft veräußert, der Verkauf wird jedoch direkt mit einem Leasingvertrag verknüpft. Das bedeutet, dass das verkaufte Anlagevermögen im Unternehmen verbleibt und unmittelbar weitergenutzt werden kann. Der Betriebsprozess wird somit nicht unterbrochen und der Cashflow erhöht. Die zur Verfügung gestellten liquiden Mittel können zur Begleichung von Verbindlichkeiten, Rückzahlung von Eigenkapital (eher selten) oder für neue Investitionen genutzt werden, ohne dass das Unternehmen auf Fremdkapital zurückgreifen muss.

4.4 Finanzierung aus Veräußerung von Vermögen

▶ **Merke!** Das **Sale-and-Lease-Back-Verfahren** bedeutet eine Veräußerung von Vermögensgegenständen an eine Leasinggesellschaft, um sie sofort wieder zu leasen.

Das Sale-and-Lease-Back-Verfahren wird nicht nur für materielle Vermögensgegenstände genutzt. So können Unternehmen, welche über Patente, Marken oder Lizenzen verfügen, durch diese ebenfalls über die Leasinggesellschaft liquide Mittel erhalten.

Beispiel

Das Unternehmen Wolf AG verkauft am 1. Januar eine Maschine an eine Leasinggesellschaft zum aktuellen Marktpreis von 2.000.000 €. Am 31. Dezember des Vorjahres stand die Maschine mit einem Buchwert von 1.500.000 Mio. € in der Bilanz. Der Ertrag der Wolf AG beläuft sich auf 500.000 €. Darüber hinaus wird die Liquidität um 2.000.000 € erhöht, das Anlagevermögen sinkt um 1.500.000 €. Die 2.000.000 € können nun zur Tilgung von Krediten oder zum Kauf neuer Maschinen verwendet werden. Werden Verbindlichkeiten zurückgezahlt, sinkt die Bilanzsumme und die Eigenkapitalquote steigt.

Bei der Überlegung, welche der betriebsnotwendigen Anlagevermögen veräußert und eventuell geleast werden sollen, werden häufig Immobilien betrachtet, da diese einen großen Teil des Unternehmenskapitals binden und das Leasing wirtschaftlich sinnvoller sein kann.

Das Sale-and-Lease-Back-Verfahren bringt gewisse Vorteile mit sich. Das Verfahren verlangt keine zusätzlichen Sicherheiten, wie es bei Krediten beispielsweise der Fall ist. Die Leasing-Raten sind regelmäßige Zahlungsverpflichtungen, die bei der Finanzplanung berücksichtigt werden müssen. Des Weiteren werden die Raten meist als betriebliche Aufwendungen betrachtet, welche steuerlich geltend gemacht werden können. Sie mindern den Gewinn und somit die Steuerbelastung. Wenn durch die Verkaufserlöse Kredite getilgt werden, verbessert das Sale-and-Lease-Back-Verfahren durch die Bilanzverkürzung die Eigenkapitalquote und die Bilanzstruktur. Es muss jedoch immer bedacht werden, dass das Sale-and-Lease-Back dem Unternehmen zwar kurzfristig liquide Mittel verschafft, aber gleichzeitig die Liquiditätsbelastung durch Leasingverpflichtungen, die den Cashflow später belasten, berücksichtigt werden muss.

Fragen zur Lernkontrolle
1. Welche Aussagen bezüglich der Finanzierung durch Veräußerung von Vermögen sind richtig?
   ☐ Die Finanzierung aus Veräußerung von Anlagevermögen wird vorrangig mit betriebsnotwendigen Vermögensgegenständen durchgeführt.
   ☐ Durch das Sale-and-Lease-Back-Verfahren fließen dem Unternehmen liquide Mittel zu.
   ☐ Als betriebsnotwendiges Kapital wird das Umlauf- und Anlagevermögen bezeichnet, das zur Erfüllung des Unternehmenszwecks notwendig ist.
   ☐ Die Veräußerung von Anlagevermögen umfasst einen bilanziellen Passivtausch.

2. Das Unternehmen Sport AG verkauft am 4. Juni eine Halle an eine Leasinggesellschaft zum aktuellen Marktpreis von 1.500.000 €. Am 31. Dezember des Vorjahres stand die Halle mit einem Buchwert von 500.000 € in der Bilanz. Der Ertrag der Sport AG beläuft sich auf 1.000.000 €. Welchen Effekt hat das Sale-and-Lease-Back auf die Liquidität und das Anlagevermögen der Sport AG?
   - ☐ Die Liquidität wird um 1.000.000 € erhöht, das Anlagevermögen sinkt um 500.000 €.
   - ☐ Die Liquidität wird um 1.500.000 € erhöht, das Anlagevermögen sinkt um 500.000 €.
   - ☐ Das Sale-and-Lease-Back-Geschäft hat keine Wirkung auf die Liquidität der Sport AG.
   - ☐ Das Sale-and-Lease-Back-Geschäft hat keine Wirkung auf das Anlagevermögen der Sport AG.
3. Das Sale-and-Lease-Back-Verfahren ...
   - ☐ ... wird nur für materielle Vermögensgegenstände genutzt.
   - ☐ ... verlangt nicht, dass das Unternehmen dem Leasinggeber zusätzliche Sicherheiten zur Verfügung stellt.
   - ☐ ... erhöht durch die Bilanzverkürzung die Fremdkapitalquote
   - ☐ ... senkt durch die Bilanzverkürzung die Fremdkapitalquote.

4.5 Lernkontrolle

Zusammenfassung

Die Innenfinanzierung umfasst die Beschaffung der finanziellen Mittel aus eigener Finanzkraft. Bei der Innenfinanzierung unterscheidet man die offene und stille Selbstfinanzierung, Finanzierung aus Abschreibungen, Finanzierung aus Rückstellungen oder Finanzierung durch Veräußerung von Anlagevermögen.

Die offene Selbstfinanzierung umfasst die Finanzierung durch die im Unternehmen erwirtschafteten, ausgewiesenen und belassenen Gewinne. Die stille Selbstfinanzierung erfolgt, wenn nicht ausgewiesener Gewinn einbehalten wird und umfasst die Bildung von stillen Reserven.

Die Finanzierung aus Abschreibungen kann dadurch realisiert werden, dass Abschreibungsrückflüsse im Unternehmen in Form von Umsatz aus verkauften Produkten genutzt werden. Bei der Abschreibungsfinanzierung werden zwei Effekte unterschieden: der Kapitalfreisetzungseffekt und der Kapazitätserweiterungseffekt. Der Kapitalfreisetzungseffekt bezeichnet eine vorübergehende Kapitalfreisetzung durch den Rückfluss von Abschreibungsgegenwerten. Entscheidet sich ein Unternehmen, die liquiden Mittel aus der Kapitalfreisetzung vor Ende der Nutzungsdauer des Vermögensgegenstandes für den Kauf neuer Investitionsgüter zu nutzen, so führt dies zu dem sogenannten Kapazitätserweiterungseffekt (Lohmann-Ruchti-Effekt).

4.5 Lernkontrolle

Bei der Finanzierung aus Rückstellungen dienen die Rückstellungen bis zur ihrer Inanspruchnahme der Finanzierung. Ein Beispiel dafür sind Pensionsrückstellungen.

Das Unternehmen kann sich finanzielle Mittel durch die Veräußerung von Anlagevermögen beschaffen. Diese Vermögensumschichtung kann durch den Verkauf von nicht betriebsnotwendigem Kapital sowie den Verkauf von betriebsnotwendigem Kapital erfolgen. Um den Verkauf von betriebsnotwendigem Kapital zu vermeiden, greifen viele Unternehmen auf das sogenannte Sale-and-Lease-Back-Verfahren zurück. Es handelt sich um eine Veräußerung von Vermögensgegenständen an eine Leasinggesellschaft, jedoch mit der Absicht, diese zu leasen und somit weiter zu nutzen.

Übungsaufgaben
1. Die Briefumschlag AG hat im letzten Geschäftsjahr Abschreibungen in Höhe von 15 Mio. € vorgenommen. Erklären Sie, wie Abschreibungen zur Innenfinanzierung beitragen können.
2. Die Selbstfinanzierung ist eine wichtige Finanzierungsquelle für ein Unternehmen. Geben Sie an, ob und wie folgende Faktoren und die Selbstfinanzierung zusammenhängen:
   - Dividendenpolitik
   - Cashflow
   - Eigenkapitalquote
   - Gesamtkapitalrentabilität
3. Das mittelständische Unternehmen Zug AG wird durch das Unternehmen Schiene AG übernommen. Die Bilanzkennzahlen entsprechen nicht den Anforderungen des Kapitalmarktes. Ein großer Teil der stillen Reserven wird dem Bürogebäude des Betriebs zugeschrieben. Bei dem Verkauf der Zug AG soll das Bürogebäude weiterhin zur Verfügung stehen. Das gekaufte Unternehmen soll mit liquiden Mitteln ausgestattet werden und die Bilanzkennzahlen sollen an die Anforderungen des Kapitalmarktes angepasst werden. Welche Form der Innenfinanzierung soll in diesem Fall angewandt werden? Begründen Sie Ihre Antwort.
4. Der Finanzierungseffekt bei Rückstellungen führt zu Liquiditätserhöhung, der Einsparung von gewinnabhängigen Steuern und geminderten Gewinnausschüttungen. Erklären Sie diese Effekte anhand des Beispiels der Pensionsrückstellungen.
5. Gerade während der Finanz- und Wirtschaftskrise seit 2008 haben viele Unternehmen ihre Liquiditätsreserven aufgebraucht. Insbesondere mittelständische Unternehmen haben häufig Probleme, für ausreichende Liquidität zu sorgen. Eine Alternative zur Fremdfinanzierung als Teil der Außenfinanzierung zum Beispiel über Ausgabe von Anleihen bietet die Innenfinanzierung. Sie haben nun beide Formen kennengelernt. Vergleichen Sie nun diese beiden Finanzierungsarten und diskutieren Sie die jeweiligen Vor- und Nachteile.

Literatur

Bieg, H./Kussmaul, H./ Waschbusch, G. (2016): *Finanzierung*, 3., vollständig überarbeitete Auflage, Vahlen, München.
Pape, U. (2015): *Grundlagen der Finanzierung und Investition: Mit Fallbeispielen und Übungen*, 3. Auflage, De Gruyter Oldenbourg, Berlin/München/Boston.
Prätsch, J., Schikorra, U., Ludwig, E., (2012): *Finanzmanagement: Lehr- und Praxisbuch für Investition, Finanzierung und Finanzcontrolling*, 4., erweiterte und überarbeitete Auflage, Springer, Berlin.

Weiterführende Literatur zum Selbststudium

Becker, H. P. (2015): *Investition und Finanzierung: Grundlagen der betrieblichen Finanzwirtschaft*, 7., aktualisierte Auflage, Gabler Verlag, Wiesbaden, S. 245–275.
Jahrmann, F.-U. (2009): *Finanzierung: Darstellung, Kontrollfragen, Aufgaben und Lösungen*, 6., vollständig überarbeitete Auflage, Neue Wirtschafts-Briefe, Herne/Berlin, S. 277–304.
Jung, H. (2016): *Allgemeine Betriebswirtschaftslehre*, 13. Auflage, De Gruyter Oldenbourg, Berlin/Boston, Kapitel G.4.3 Die Innenfinanzierung, S. 787–796.

Alternative Finanzierungsinstrumente 5

> **Lernziele**
> Nach der Bearbeitung dieses Kapitels werden Sie wissen, ...
> ... was man unter Asset Backed Securities versteht.
> ... welche Funktionen und Arten des Factorings existieren.
> ... welche Rolle dem Leasing als Finanzierungsinstrument zukommt.
> ... was die Projektfinanzierung auszeichnet.
> ... welche Besonderheiten das Mezzaninkapital aufweist.

> **Aus der Praxis**
> Das mittelständische deutsche Unternehmen Garten AG ist ein führender Hersteller von Gartenwerkzeugen. Für das kommende Geschäftsjahr möchte die Garten AG ihre Geschäfte erweitern und plant eine Expansion in den belgischen Markt. Da diese Expansion mit einem besonders hohen Investitionsbedarf einhergeht, beabsichtigt die Garten AG den üblichen Kredit ihrer Hausbank durch alternative Finanzinstrumente zu ergänzen. Das Unternehmen möchte gleichzeitig seine Bilanzstruktur verbessern und erweiterte finanzielle Gestaltungsspielräume durch mehr Liquidität sicherstellen. Nachdem der Berücksichtigung mehrere Alternativen hat sich die Garten AG für das Factoring entschieden. Es umfasst den Verkauf der kurzfristigen Forderungen, was in einer erhöhten Liquidität resultiert und die umsatzkongruente Finanzierung des Wachstums ohne eine Abhängigkeit von Banken unterstützt.

In diesem Kapitel lernen Sie, wie Unternehmen über die klassischen Finanzierungsinstrumente wie Bankdarlehen hinaus eine differenzierte Palette an alternativen Finanzierungsmöglichkeiten zu ihrem Vorteil nutzen können. Dabei betrachten wir neben den

Asset Backed Securities auch Projektfinanzierungen und die Finanzierung durch das Factoring.

5.1 Asset Backed Securities

Asset Backed Securities (ABS) sind verzinsliche Wertpapiere, welche durch Aktiva abgesichert werden. Die durch Vermögenswerte gedeckten Wertpapiere machen das Handeln mit nicht liquiden Vermögensgegenständen, wie beispielsweise mit Bankkrediten, möglich. Das bedeutet, mithilfe der Asset Backed Securities können bestimmte Aktiva aus der Bilanz ausgegliedert und verkauft werden. Dies geschieht unter der Einbindung von einem Forderungsverkäufer, einer dafür geschaffenen Zweckgesellschaft und Investoren (vgl. Abb. 5.1).

▶ **Asset Backed Securities** sind durch Vermögenswerte gedeckte Wertpapiere.

Der Forderungsverkäufer, auch Originator genannt, veräußert seine Finanzaktiva, beispielsweise Forderungen aus Lieferungen und Leistungen, an eine eigens dafür gegründete Zweckgesellschaft. Die Zweckgesellschaft dient als ein Finanzintermediär und wird auch als **Special Purpose Vehicle (SPV)** bezeichnet. Es handelt sich hierbei um eine rechtlich und wirtschaftlich selbstständige Gesellschaft. In einem ersten Schritt kauft die Zweckgesellschaft die Forderungen von einem oder mehreren Gläubigern auf. Zweitens bündelt sie die Forderungen der Gläubiger **(Pooling)** und verbrieft sie in festverzinslichen Wertpapieren, den Asset Backed Securities. Anschließend werden diese Asset Backed Securities am Geld- oder Kapitalmarkt veräußert. Der ursprüngliche Kauf der Forderungen wird durch die Ausgabe der Asset Backed Securities am Geld- oder Kapitalmarkt refinanziert. So schließt sich der Finanzierungskreis. Die aufgekauften Forderungen (assets) dienen als Sicherheiten (backed) für die Anleihen (securities). Die Zinszahlungen

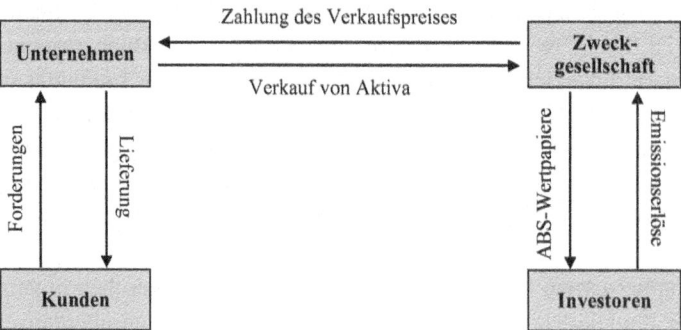

Abb. 5.1 Vereinfachte Grundstruktur einer Transaktion bei Asset Backed Securities (Quelle: eigene Darstellung)

auf diese Anleihen werden durch die Cashflows aus dem Forderungsbestand beglichen. Deshalb ist es für die Verbriefungstransaktionen erforderlich, dass die verkauften Forderungen einen regelmäßigen und möglichst gut prognostizierbaren Zahlungsstrom beinhalten. Kreditforderungen werden als besonders geeignet gesehen, da sie regelmäßige Zinszahlungen und die Tilgung gewährleisten.

ABS-Transaktionen sind durch eine hohe Komplexität gekennzeichnet. Häufig wird deshalb eine solche Transaktion von einem Arrangeur (zum Beispiel eine Investmentbank) in einer beratenden Funktion begleitet, strukturiert und dokumentiert. Zusätzlich kann ein Treuhänder, der Trustee, hinzugezogen werden, welcher die vertraglichen Vereinbarungen kontrolliert und überwacht. Ein weiterer administrativer Teilnehmer der ABS-Transaktion ist der Servicer. Ein Servicer ist für die Überwachung der Forderungszahlungen und das Mahnwesen zuständig. In manchen Fällen wird diese Funktion vom Originator selbst übernommen.

Asset Backed Securities bieten dem Forderungsverkäufer eine Reihe von Vorteilen. Das Unternehmen, das die Forderungen verkauft, wird kurzfristig mit liquiden Mitteln versorgt, ohne von der Begleichung der Forderungen abhängig zu sein. Mit diesen liquiden Mitteln kann das Unternehmen seine Verbindlichkeiten begleichen oder neue Investitionen tätigen. Das Begleichen der bestehenden Verbindlichkeiten resultiert in einer Verkürzung der Bilanz, was die Kennzahlen des Unternehmens und die Kapitalstruktur verbessert. Die Reduktion der risikobehafteten Aktiva verbessert zudem die Bonität. Dies ermöglicht eine günstigere Beschaffung von Fremdkapital. Bei Investitionen, welche einen positiven Effekt auf die Umsätze haben, kann der Forderungsverkäufer seine Gewinne erhöhen, ohne zusätzliches Eigenkapital einzubringen. Dies resultiert wiederum in verbesserten Rentabilitätskennzahlen. Eine ABS-Transaktion stellt für den Forderungsverkäufer außerdem meist eine günstigere Refinanzierungsmöglichkeit dar, da die Ratings der ABS-Transaktionen im Regelfall höher sind als die des Unternehmens (Originator).

Alle ABS-Transaktionen haben ein Endfälligkeitsdatum. Da eine ABS-Transaktion meist ein Pool an Einzelforderungen umfasst, richtet sich die Laufzeit der Transaktion nach der längsten Laufzeit der Einzelforderungen aus dem Portfolio. Je nach der Kategorie der Asset Backed Securities sind die Laufzeiten unterschiedlich lang. Kreditkartenforderungen zählen beispielsweise zu den kurzfristigen, Immobilienfinanzierungen zu den langfristigen Transaktionen.

Beim Verkauf von Forderungen muss die wichtige Entscheidung getroffen werden, ob die Forderungen im Form einer **True-Sale-Transaktion** übertragen wird oder ob es sich um eine **synthetische Verbriefung** handelt. Werden die Forderungen komplett mit allen damit verbundenen Risiken an die Zweckgesellschaft verkauft und rechtlich übertragen, so spricht man von einer True-Sale-Transaktion. Das bedeutet, dass die ABS-Transaktion eine Bilanzverkürzung des Originators nach sich zieht. Wird dagegen nur das Risiko der Forderungen auf die Zweckgesellschaft übertragen, so handelt es sich um synthetische ABS-Transaktion. Dieser rein schuldrechtliche Transfer wird mithilfe von Kreditderivaten durchgeführt. Bei synthetischen ABS-Transaktionen werden häufig Credit Default Swaps (CDS) eingesetzt, welche den Verkauf eines Ausfallrisikos aus den

Forderungen gegen eine einmalige oder jährliche Prämie beinhaltet. Zwar haben synthetische ABS-Transaktionen keine Auswirkung auf die Bilanz des Forderungsverkäufers, jedoch mindern sie sein Risiko, nämlich das Forderungsausfallrisiko.

▶ **Merke!** Eine **True-Sale-Transaktion** beinhaltet die rechtliche Übertragung und den Verkauf der Forderungen mit allen damit verbundenen Risiken an die Zweckgesellschaft.

Eine entscheidende Rolle kommt bei ABS-Transaktionen den Ratingagenturen zu. Die öffentlich emittierten Asset Backed Securities haben mindestens ein Rating von einer der drei großen Ratingagenturen. Üblich sind jedoch Bonitätsbewertungen von zwei Ratingagenturen. Die Herangehensweise zur Einstufung hängt von der jeweiligen Agentur ab. So setzt Moody's ihren Fokus auf den erwarteten Verlust, also den „Expected Loss", während Standard & Poor's sich auf die termingenaue Zahlung der Zinsen und des Tilgungsbetrags konzentriert. Generell spielen jedoch folgende Einflussfaktoren eine entscheidende Rolle:

- ABS-Transaktionsstruktur
- Tilgungspläne der verbrieften Vermögenswerte
- Sicherheiten, die mit der Forderung verbunden sind
- Wahrscheinlichkeit des Forderungsausfalls
- Dauer bis zur Eintreibung der Forderung bei Forderungsausfall

Je homogener die gebündelten Forderungen sind, desto leichter kann das Risiko eingeschätzt werden. ABS-Wertpapiere mit bestem Rating ermöglichen auch die kostengünstigste Refinanzierung. Forderungen gegen viele unterschiedliche Schuldner ermöglichen zudem eine breitere Risikostreuung als Forderungen gegen wenige Schuldner. Durch sogenannte Bonitätsverbesserungen (Credit Enhancements) können weitere Sicherungsmaßnahmen eingesetzt werden, die die Bonität des Asset Backed Securities verbessern. Beispielsweise werden Kreditversicherungen abgeschlossen oder Barreserven gebildet, damit bei einem Ausfall der Forderungen kein zusätzlicher Verlust entsteht.

Grundsätzlich werden Asset Backed Securities in unterschiedliche Risikoklassen eingeteilt und dementsprechend mit unterschiedlichen Ratings versehen. Die zugrundeliegenden Forderungen werden nach dem Ausfallrisiko sortiert und in verschiedene ABS gepackt. Diesen Vorgang nennt man Tranchierung. Dadurch entstehen ABS mit verschiedenen Ratings, das von Tranche zu Tranche immer schlechter wird:

- Senior-Tranche (A-Ratings)
- Mezzanine-Tranche (B-Ratings)
- Junior-Tranche (kein Rating)
- Erstverlust-Tranche (first loss piece/first loss equity tranche)

5.1 Asset Backed Securities

Die Weiterleitung der Zahlungsströme aus den Forderungen an die Investoren ist ein wichtiges Unterscheidungskriterium bei ABS-Transaktionen. Hierbei kann zwischen der Pass-through-Struktur sowie die **Pay-through-Struktur** differenziert werden. Die **Pass-through-Struktur** beinhaltet die direkte Weiterleitung der Cashflows aus den Forderungen an die Anleger. Das heißt, neben den Zins- und Tilgungszahlungen werden auch die vorzeitigen Rückzahlungen weitergeleitet. Somit kann die Laufzeit nicht exakt bestimmt werden und bei einer vorzeitigen Tilgung trägt der Investor das Wiederanlagerisiko (Prepayment-Risiko). Dieses Risiko ist besondern hoch, wenn der Forderungspool keine homogene Struktur bezüglich der Zahlungstermine und Restlaufzeiten aufweist. Das Wiederanlagerisiko entfällt bei der Pay-through-Stuktur, da diese ein aktives Zahlungsstrom- und Zinsmanagement umfasst. Die Cashflows aus Zinsen werden zeitlich umstrukturiert und bei Bedarf angelegt, bevor sie an die Investoren weitergeleitet werden. Somit bleibt das Wiederanlagerisiko bei der Zweckgesellschaft. Die Zahlungsströme aus dem Forderungsportfolio können hierbei gebündelt und nach einem Wasserfallprinzip, also einer festen Reihenfolge, verteilt werden. Dabei gilt, die höchste und vorrangigste Tranche (Senior-Tranche) erhält vor allen anderen Tranchen die eingehenden Zahlungsströme. Die risikoreichste Tranche, die Erstverlust-Tranche, wird als letzte bedient. Bei Verlusten, wie Forderungsausfällen, gehen die Verluste zuerst zu Lasten der untersten Tranche mit dem höchsten Risiko (Erstverlust-Tranche), das heißt, es gilt die **Reverse Order of Seniority**. Je nach Rangstellung erhalten die Investoren eine angepasste Verzinsung, wobei die Verzinsung der Erstverlust-Tranche am höchsten ist.

▶ **Merke!** Eine **Pass-through-Struktur** beinhaltet die direkte und zeitnahe Weiterleitung der aus Forderungen generierten Cashflows an die Investoren.

Neben der Zahlungsstrommanagement-Struktur können Asset Backed Securities nach der Art der verbrieften Forderungen differenziert werden. Grundsätzlich kann hier zwischen drei wesentlichen Kategorien unterschieden werden (vgl. Abb. 5.2).

Mortgage Backed Securities verbriefen Forderungen, die mit Hypothekendarlehen unterlegt sind. Meist unterscheidet man auch hier zwischen zwei Arten: Bei einem gewerblichen Charakter der Forderung spricht man von Commercial Mortgage Backed Securities (CMBS) und bei Forderungen mit Hypotheken aus privat genutzten Immobilien von Residential Mortgage Backed Securities (RMBS).

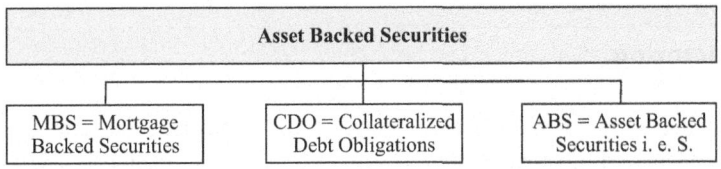

Abb. 5.2 Klassifizierung von Asset Backed Securities nach der Art der verbrieften Forderung (Quelle: eigene Darstellung)

Collateralized Debt Obligations (CDO) können in **Collateralized Loan Obligations (CLO)** und **Collateralized Bond Obligations (CBO)** unterschieden werden. Während die Collateralized Loan Obligations ausschließlich Darlehen, meist Unternehmenskredite, verbriefen, werden bei Collateralized Bond Obligations die Unternehmensanleihen verbrieft.

Asset Backed Securities im engeren Sinne umfassen Kreditkartenforderungen, Automobilratenkredite, Leasing-Forderungen, Kontokorrentkredite oder Versicherungsprämien.

Die Asset Backed Securities fanden ihren Ursprung in den USA und wurden vor allem am Anfang in erster Linie in Form von Mortgage Backed Securities eingesetzt. Vor Beginn der Finanzkrise im Jahr 2008 fanden diese Finanzinstrumente breite Anwendung. Nach Ausbruch der Krise gerieten Asset Backed Securities jedoch immer mehr in die Kritik. So wurden für manche Asset Backed Securities beste Ratings vergeben, obwohl sie hohe Risiken verbargen. Dies wurde als ein Mitauslöser der Finanzkrise gewertet.

Fragen zur Lernkontrolle
1. Welche Faktoren spielen beim Rating einer ABS-Transaktion eine Rolle?
   - ☐ Tilgungspläne der verbrieften Vermögenswerte
   - ☐ Bonität des Originators
   - ☐ Wahrscheinlichkeit des Ausfalls
   - ☐ Dauer bis zur Eintreibung der Forderung bei Forderungsausfall
2. Bitte beurteilen Sie, welche Aussagen richtig sind.
   - ☐ Mortgage Backed Securities verbriefen Forderungen, die mit Hypothekendarlehen unterlegt sind.
   - ☐ Die Pass-through-Konstruktion bei ABS beinhaltet die direkte Weiterleitung der Cashflows aus den Forderungen an die Zweckgesellschaft.
   - ☐ Wird bei einer ABS-Transaktion nur das Forderungsausfallrisiko auf die Zweckgesellschaft übertragen, so handelt es sich um eine synthetische ABS-Transaktion.
   - ☐ Bei Forderungen mit Hypotheken aus privat genutzten Immobilien spricht man von Commercial Mortgage Backed Securities.
3. Welche Funktion übernimmt die Zweckgesellschaft bei einer ABS-Transaktion?

_____
_____
_____

5.2 Factoring

Das **Factoring** umfasst einen laufenden Verkauf von kurzfristigen Forderungen aus Lieferungen und Leistungen durch ein Unternehmen (Factoringkunde) an eine Factoringgesellschaft (Factor). Der Factor kann eine Bank oder ein spezialisiertes

Factoringunternehmen sein. Das primäre Ziel des Factoring ist der Abbau der kapitalbindenden Außenstände und somit die Schaffung von Liquidität vor der Fälligkeit der Forderungen. Voraussetzung für das Factoring sind konstante Forderungen gegenüber gewerblichen Schuldnern eines Unternehmens, ein relativ fester Kundenstamm, ein Mindestrechnungswert, die Gewährung von Zahlungszielen bei erstellten Rechnungen sowie Jahresmindestumsätze, die je nach Factoringgesellschaft variieren. Zusätzlich dürfen die Forderungen nicht durch hohe Gewährleistungsrisiken durch das Unternehmen oder Abschlagszahlungen durch den Kunden charakterisiert sein. Den Forderungen müssen voll erbrachte Leistungen zugrunde liegen. Factoringverträge zwischen dem Factoringkunden und dem Factor haben in der Regel eine Laufzeit von zwei bis drei Jahren.

▶ Das **Factoring** umfasst einen laufenden Verkauf von kurzfristigen Forderungen aus Lieferungen und Leistungen durch ein Unternehmen an eine Factoringgesellschaft.

Das Factoring wird in Deutschland vor allem von mittelständischen Unternehmen als Kreditsubstitut zur umsatzkongruenten Finanzierung genutzt. Bezüglich der Branchen, welche überwiegend Factoring einsetzen, dominierten im Jahr 2017 der Handel bzw. die Handelsvermittlung, Herstellung von Metallerzeugnissen und Dienstleistungen (Deutscher Factoring Verband 2018).

Bilanzielle Auswirkung des Factoring
Im Folgenden wollen wir uns anschauen, wie sich das Factoring auf die Bilanz eines Unternehmens auswirkt. Aus der unten aufgeführten Bilanz ohne Factoring (vgl. Tab. 5.1) wird ersichtlich, dass das Unternehmen Forderungen in Höhe von 200.000 € hat. Die Eigenkapitalquote beträgt 20 %.

Nun entschließt sich das Unternehmen das Finanzierungsinstrument Factoring einzusetzen, um diese Forderungen zu liquidieren. Die Auswirkungen werden in der Bilanz mit Factoring (vgl. Tab. 5.2) deutlich.

Nach einer Analyse der Forderungen hat die Factoringgesellschaft sich dazu entschieden, Forderungen in Höhe von 100.000 € aufzukaufen. Durch den Verkauf der Forderungen in Höhe von 100.000 € (Gebühren bleiben unberücksichtigt) und die somit neu

Tab. 5.1 Ausgewählte Positionen der Bilanz ohne Factoring (Quelle: eigene Darstellung)

Bilanz ohne Factoring			
Aktiva		Passiva	
Anlagevermögen	200.000 €	Eigenkapital	100.000 €
Forderungen	200.000 €	Verbindlichkeiten aus Lieferungen und Leistungen	200.000 €
Sonstiges Umlaufvermögen	100.000 €	Sonstige Verbindlichkeiten	200.000 €
Bilanzsumme	500.000 €	Bilanzsumme	500.000 €

Tab. 5.2 Ausgewählte Positionen der Bilanz mit Factoring (Quelle: eigene Darstellung)

Bilanz mit Factoring			
Aktiva		**Passiva**	
Anlagevermögen	200.000 €	Eigenkapital	100.000 €
Forderungen	100.000 €	Verbindlichkeiten aus Lieferungen und Leistungen	150.000 €
Sonstiges Umlaufvermögen	100.000 €	Sonstige Verbindlichkeiten	150.000 €
Bilanzsumme	400.000 €	Bilanzsumme	400.000 €

geschaffene Liquidität können Verbindlichkeiten aus Lieferungen und Leistungen um 50.000 € und sonstige Verbindlichkeiten um weitere 50.000 € gesenkt werden. Die Liquidität wird also sofort erhöht, Verbindlichkeiten aus Lieferungen und Leistungen werden reduziert, die Bilanz verkürzt. Dies wiederum erhöht die Eigenkapitalquote, welche nach dem Factoring auf 25 % steigt. Dadurch erreicht das Unternehmen eine bessere Bonitätseinstufung.

Funktionen und Formen des Factorings

Das Factoring hat je nach der individuellen Vereinbarung mit dem Factoringkunden unterschiedliche Funktionen und Ausprägungsformen. Grundsätzlich lassen sich jedoch drei wesentliche Leistungen des Factors differenzieren: die Finanzierungs-, Dienstleistungs- und Delkrederefunktion. Die **Finanzierungsfunktion** umfasst den Ankauf der Forderungen sowie deren Ausbezahlung an den Klienten. Die Auszahlung erfolgt im Regelfall vor dem Fälligkeitstermin. Im Regelfall zahlt der Factor ein Vorschuss von ca. 90 % der Forderung. Die **Dienstleistungsfunktion** geht über den reinen Verkauf der Forderungen hinaus. Hierbei übernimmt der Factor auch die Verwaltung der Forderungen, einschließlich der Debitorenbuchhaltung, des Mahn- und Inkassowesens, aber auch Beratung bezüglich der Besonderheiten der Märkte und der Branche. Die **Delkrederefunktion** ist eine Kreditsicherungsfunktion des Factors. Diese schließt die Übernahme des Zahlungsunfähigkeitsrisikos der Schuldner durch die Factoringgesellschaft ein. Die Delkrederefunktion erlaubt dem Factoringkunden eine genauere Liquiditäts- und Finanzierungsplanung.

▶ **Merke!** Die drei wesentlichen Leistungen des Factors sind die **Finanzierungs-, Delkredere- und Dienstleistungsfunktion.**

Diese drei Leistungen lassen sich auf unterschiedliche Weisen kombinieren und werden den jeweiligen Factoringkunden angepasst. Werden alle drei Leistungen durch den Factor übernommen, spricht man von echtem Factoring oder Full-Service-Factoring. Bei der Übernahme der Finanzierungs- und Dienstleistungsfunktion, jedoch ohne die Delkrederefunktion, spricht man von unechtem Factoring oder Recourse-Factoring. Die in Deutschland am häufigsten eingesetzte Factoring-Variante ist die des Eigenservice-Factorings, auch Inhouse-Factoring genannt. Eigenservice-Factoring setzt den Leistungsschwerpunkt der Factoringgesellschaft auf die Finanzierungs- und die Delkrederefunktionen. Die Dienstleistungsfunktion und damit das Debitorenmanagement werden vom Factoringkunden selbst wahrgenommen. Der Factoringkunde ist dann der treuhänderische Verwalter der Debitoren. Es besteht des Weiteren die Möglichkeit, die Finanzierungsfunktion durch die Factoring-Gesellschaft auszuschließen. Hierbei handelt es sich dann um Fälligkeits-Factoring (Maturity-Factoring). Beim Fälligkeits-Factoring findet der Ankauf nicht im Vorfeld, sondern zu einem vereinbarten Fälligkeitstermin statt. Der Klient profitiert nur von der Kreditsicherungsfunktion und Entlastung beim Debitorenmanagement.

Eine weitere Unterscheidung des Factorings kann anhand der Einbeziehung der Schuldner erfolgen. Wird der Kunde des Klienten über den Forderungsverkauf informiert und begleicht dieser infolgedessen die Rechnungen direkt über die Factoringgesellschaft, handelt es sich um ein **offenes Factoring.** Bei einem halboffenen Factoring wird der Klient zwar über die Zusammenarbeit informiert, er entscheidet jedoch selbst, an wen er die Zahlungen leistet. Wenn der Kunde des Klienten über die Abtretung der Forderungen an eine Factoringgesellschaft nicht in Kenntnis gesetzt wird, so handelt es sich um das stille Factoring. Hierbei leitet der Klient die Zahlungen bei Eingang an den Factor weiter.

▶ Das **offene Factoring** umfasst die Information der Schuldner über die Zusammenarbeit mit der Factoringgesellschaft.

Für viele Unternehmen ist das Auslandsgeschäft von enormer Bedeutung. Allerdings können Auslandsforderungen einige Probleme mit sich bringen. So bestehen beispielsweise oft Unterschiede bezüglich der Forderungslaufzeiten, welche im Ausland deutlich länger sein können. Hier kann ebenfalls auf das Factoring zurückgegriffen werden. Beim Factoring im Ausland kann zwischen dem **Export-Factoring** und dem **Import-Factoring** unterschieden werden. Das Export-Factoring findet zwischen einem inländischen Unternehmen (Exporteur) und dem Factor, welcher aus demselben Land stammt, statt. Bei einer Zusammenarbeit zwischen dem Exporteur und dem Factor des Importlandes spricht man vom Import-Factoring.

Beispiel

Die Konstrukt GmbH möchte ihre Forderungen in Höhe von 40.000 € an eine Factoringgesellschaft veräußern. Die Restlaufzeit der Forderung beträgt drei Monate. Dabei möchte die Konstrukt GmbH vom echtem Factoring (Full-Service-Factoring) Gebrauch machen. Das bedeutet, die Gesellschaft soll die Finanzierungs-, Delkredere- und Dienstleistungsfunktion übernehmen. Die Factoringgesellschaft FactorPlus unterbreitet das folgende Angebot:

FactorPlus Konditionen	
Full-Service-Gebühren	2 % der Forderungssumme
Zinssatz für Finanzierung	8 % p. a
Vorauszahlung	80 % der Forderungssumme

Dies ergibt folgende Berechnungen für den Auszahlungsbetrag an die Konstrukt GmbH:

FactorPlus Berechnung	
Warenforderung	40.000 €
Vorauszahlung 80 % der Forderungssumme	32.000 €
Zinskosten (= 40.000 · 8 % · 3 Monate/12 Monate)	800 €
Gebühren (= 40.000 · 2 %)	800 €
Auszahlungsbetrag an die Konstrukt GmbH	**30.400 €**

Die Factorkosten belaufen sich auf:
Factorkosten = Warenforderung – Auszahlung – Restzahlung
= 40.000 € – 30.400 € – 8.000 € = 1.600 €
Nach der Fälligkeit der Forderungen, ergibt sich eine Restzahlung in Höhe von:
Restzahlung = Forderung – Auszahlung – Factorkosten
= 40.000 € – 30.400 € – 1.600 € = 8.000 €
Die Konstrukt GmbH erhielt für die verkauften Forderungen in Höhe von 40.000 €, welche ein Zahlungsziel von drei Monaten hatten, einen Betrag von 30.400 € sofort und nach drei Monaten noch einmal einen Restbetrag in Höhe von 8.000 €.

Abgrenzung Factoring und Asset Backed Securities
Das Factoring scheint auf den ersten Blick der Funktionsweise der Asset Backed Securities sehr ähnlich zu sein. Obwohl es sich bei beiden Formen um Finanzierung durch den Verkauf von Forderungen vor Fälligkeit handelt, gibt es zwischen diesen beiden Finanzierungsformen wesentliche Unterschiede.

Das Factoring unterscheidet sich im Vergleich zu ABS-Transaktionen zum einen durch den Verkauf der Aktiva an einen bereits bestehenden Finanzdienstleister, während bei ABS-Transaktionen eine wirtschaftlich und rechtlich selbstständige Zweckgesellschaft geschaffen wird. Des Weiteren liegt beim Factoring der Verkaufsfokus ausschließlich auf Forderungen aus Lieferungen und Leistungen. ABS-Transaktionen können eine weitere Bandbreite an möglichen Forderungsformen umfassen (Hypothekenkredite, Kreditkartenforderungen, etc.). Einen wesentlichen Unterschied stellt die Refinanzierung des Forderungsbetrags dar. Die Factoringgesellschaft finanziert den Kauf entweder aus eigenen Mitteln oder aber durch eine Kreditaufnahme. ABS-Transaktionen werden durch die Ausgabe von Asset Backed Securities auf dem Kapitalmarkt refinanziert und weisen eine deutlich komplexere

Struktur auf. Ein weiterer Unterschied besteht darin, dass der Factor die Forderungen laufend und durch die Gewährung eines Vorschusses aufkauft, wobei er noch weitere Leistungen in Form von Debitorenmanagement oder Kreditsicherungsfunktion bietet. Bei den ABS-Transaktionen handelt es sich im Regelfall um einen einmaligen Forderungsverkauf, welcher keine weiteren Dienstleistungen seitens der Zweckgesellschaft einschließt.

Fragen zur Lernkontrolle
1. Definieren Sie das Finanzierungsinstrument Factoring und erläutern Sie kurz, was das primäre Ziel des Factorings ist.

_____
_____
_____

2. Das Eigenservice-Factoring (Inhouse-Factoring) …
   ☐ … bedeutet die Übernahme der Finanzierungs- und Dienstleistungsfunktion durch die Factoringgesellschaft.
   ☐ … umschließt die Finanzierungs- und die Delkrederefunktion der Factoringgesellschaft.
   ☐ … überlässt die Verwaltung der Schuldner der Factoringgesellschaft.
   ☐ … findet zwischen einem inländischen Unternehmen und dem Factor, welcher aus demselben Land stammt, statt.
3. Welche sind die Voraussetzungen für das Factoring?
   ☐ Forderungen mit Abschlagszahlungen
   ☐ Konstante Forderungen gegenüber gewerblichen Schuldnern eines Unternehmens
   ☐ Viele unterschiedliche Kunden
   ☐ Jahresmindestumsätze

5.3 Leasing

Generell wird die entgeltliche Bereitstellung von Vermögensgegenständen für eine zeitlich befristete betriebliche Nutzung zur Durchführung des Leistungsprozesses als **Leasing** bezeichnet. Leasing basiert auf dem Leasingvertrag zwischen dem Leasingnehmer und dem Leasinggeber. Der Leasinggeber ist rechtlich gesehen der Eigentümer des Leasinggegenstandes und kann der Hersteller der Vermögensgegenstände, aber auch eine reine Leasinggesellschaft sein. Das Überlassen des Realkapitals durch das Leasen hat ökonomisch gesehen die gleiche Funktion wie ein Kredit, welche die Zahlung regelmäßiger Leasing-Gebühren, den Leasing-Raten, und die Rückgabe des geleasten Gegenstands am Ende der Vertragslaufzeit umfasst. Die Leasing-Raten dienen dazu, die Anschaffungs- und Finanzierungskosten des Leasinggebers zu decken und Gewinne zu erzielen. Der Leasinggeber refinanziert sich über Kredite oder durch den Verkauf seiner Forderungen auf erwartete Leasingraten an eine Zweckgesellschaft (vgl. Abb. 5.3).

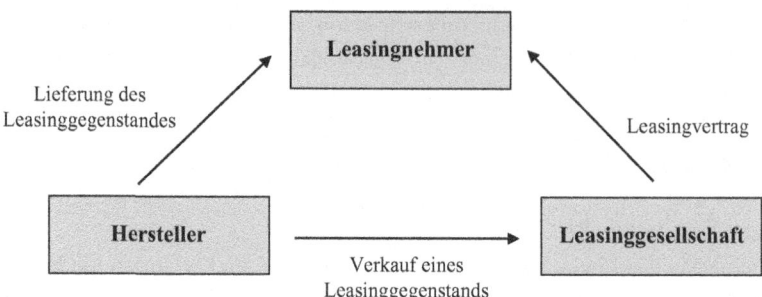

Abb. 5.3 Vereinfachte Leasing-Struktur (indirektes Leasing) (Quelle: eigene Darstellung)

▶ Das **Leasing** ist die entgeltliche Bereitstellung von Vermögensgegenständen für eine zeitlich befristete betriebliche Nutzung zur Durchführung des Leistungsprozesses.

Das Leasen als Finanzierungsform hat einige Vorteile. So bietet es in bestimmten Fällen dem Leasingnehmer steuerliche Vorteile, nämlich dann, wenn der Leasinggegenstand dem Leasinggeber zugerechnet wird. Dann werden die Leasing-Raten als Betriebsausgaben gewertet und können steuermindernd geltend gemacht werden. Des Weiteren muss in diesem Fall der Leasinggegenstand in der Bilanz des Leasingnehmers nicht ausgewiesen werden, da nach dem HGB die Leasinggeschäfte als schwebende Geschäfte betrachtet werden. Somit wird eine bessere Eigenkapitalquote erzielt, die die Bonität und das Rating des Leasingnehmers verbessert. Die Leasing-Raten werden als Aufwand in der GuV-Rechnung verbucht und richten sich nach dem „Pay-as-You-Earn"-Prinzip. Im besten Fall erwirtschaftet der Leasingnehmer mit dem geleasten Gegenstand Erträge, welche dann zur Begleichung der Ratenzahlungen eingesetzt werden können. Ein zusätzlicher Vorteil des Leasings liegt in der Tatsache, dass es dem Leasingnehmer ermöglicht, Vermögensgegenstände zur Leistungserstellung einzusetzen, welche nur zeitlich begrenzt benötigt werden und daher einen Kauf überflüssig machen würden. Zudem kann durch das Leasen auf technologisch hochentwickelte Betriebsmittel zurückgegriffen werden, welche nicht aus eigener Finanzierungskraft erworben werden können. Diese Vorteile des Leasings hängen immer von der Art des Leasings und der damit verbundenen vertraglichen Regelungen ab.

Es existiert eine Vielzahl von Leasingformen (vgl. Abb. 5.4).

Eine Differenzierung der Leasingformen kann über die Gestaltung der Leasingraten erfolgen. Hier wird zwischen **Vollamortisationsleasing** und **Teilamortisationsleasing** unterschieden.

Vollamortisationsleasing vs. Teilamortisationsleasing
Werden die Anschaffungs- und Finanzierungskosten des Leasinggebers vollständig durch die Leasingzahlungen gedeckt, spricht man von einer **Vollamortisation.** In dem Fall bezahlt

5.3 Leasing

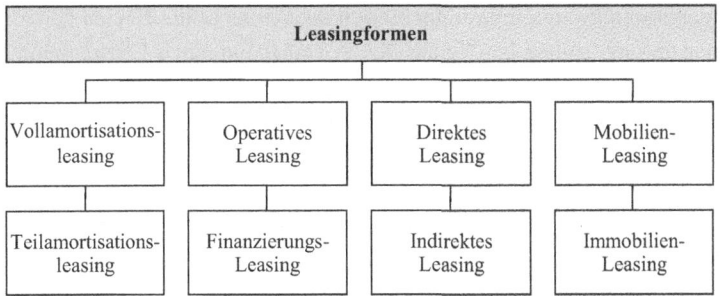

Abb. 5.4 Leasingformen (Quelle: eigene Darstellung)

der Leasingnehmer alle Investitionskosten zuzüglich Zinsen, weiterer Verwaltungs- und Risikokosten sowie den Gewinnaufschlag. Vollamortisationsleasingverträge werden auch als Full-Pay-out-Verträge bezeichnet. Die Verträge können durch zusätzliche Miet- oder Kaufoptionen ergänzt werden. Vollamortisationsleasing ohne Option setzt voraus, dass der Leasinggegenstand nach Ablauf der Grundmietzeit an den Leasinggeber zurückgegeben wird.

Wird nur ein Teil der Anschaffungskosten gedeckt, so handelt es sich um das **Teilamortisationsleasing** oder einen Non-pay-out-Vertrag. Die Leasing-Raten sind bei dieser Vertragsform niedriger als beim Vollamortisationsleasing. Die Teilamortisation wird auch als Restwert-Leasing bezeichnet, da hierbei am Ende der Leasingdauer ein Restbetrag aus dem nicht amortisierten Teil des Leasinggegenstandes bleibt. Dieser Restbetrag ist der kalkulierte Restwert, dessen Höhe bereits bei Abschluss des Vertrags bestimmt wird. Ein Idealfall liegt dann vor, wenn nach Ablauf des Leasings der kalkulierte Restwert dem Marktwert des Leasinggegenstandes entspricht. Um den Restwert zu decken, vereinbart der Leasinggeber im Regelfall ein Andienungsrecht (Verkaufsoption). Das Andienungsrecht verpflichtet den Leasingnehmer den Leasinggegenstand zum Restwert zu kaufen, sofern der Leasinggeber davon Gebrauch macht. Der Leasinggegenstand kann auch an Dritte veräußert werden. Liegt der Verkaufserlös über dem Restwert, so entsteht ein Mehrerlös, der zwischen dem Leasinggeber und Leasingnehmer aufgeteilt wird. Bei einem Verkaufserlös, der unter dem Restwert liegt, gilt die Differenzausgleichspflicht, bei welcher der Leasingnehmer die Differenz an den Leasinggeber bezahlt.

Im Folgenden unterscheiden wir zwischen dem operativen und dem Finanzierungs-Leasing. Die Unterscheidung basiert auf der Dauer und der Kündbarkeit des Leasing-Vertrags.

Operatives Leasing vs. Finanzierungs-Leasing
Das **operative Leasing** (operate leasing) beinhaltet das kurzzeitige Mieten von Vermögensgegenständen. Die Leasinggegenstände sind meist Güter mit wiederkehrender Nachfrage, die von mehreren Leasingnehmern genutzt werden können und nicht spezifisch auf den Kunden zugeschnitten sind. Beim operativen Leasing trägt der Leasinggeber das Investitionsrisiko und übernimmt meist auch Reparaturen oder Wartung des

Vermögensgegenstandes. Die Leasinggebühren decken nicht die Kosten der Anschaffung und der Finanzierung, sodass bei Ablauf des Vertrages ein neuer Leasingnehmer gesucht wird. Der Leasingvertrag kann beim operativen Leasing jederzeit unter Einbehaltung der Kündigungsfrist gekündigt werden. Die Grundmietzeit ist meistens nicht festgeschrieben bzw. geht selten über die Nutzungsdauer des Leasinggegenstandes hinaus. Das operative Leasing wird auch als unechtes Leasing bezeichnet, da es der Miete sehr ähnlich ist und die Verwendung des Begriffs „Leasing" im Zusammenhang mit Finanzierung sich im Regelfall auf das Finanzierungs-Leasing bezieht.

▶ Das **operative Leasing** beinhaltet das kurzzeitige Mieten von Vermögensgegenständen mit wiederkehrender Nachfrage.

Das **Finanzierungs-Leasing** (finance leasing) beinhaltet eine langfristige Investitionsentscheidung seitens des Unternehmens. Das bedeutet, das Unternehmen plant in einen Vermögensgegenstand zu investieren und muss vom wirtschaftlichen Aspekt her entscheiden, ob es dafür ein Darlehen aufnimmt und das Objekt kreditfinanziert oder aber das Finanzierungs-Leasing wählt. Das Finanzierungs-Leasing umfasst die Nutzung von Vermögensgegenständen über einen wesentlichen Teil ihrer Nutzungsdauer. Einer der wesentlichen Unterschiede zum operativen Leasing liegt in der Tatsache, dass der Leasing-Vertrag während der Grundmietzeit von beiden Parteien nicht gekündigt werden darf. Die Dauer der Grundmietzeit hängt mit steuerlichen Überlegungen zusammen und umfasst häufig zwischen 40 und 90 % der Nutzungsdauer des Gegenstandes. Nach Ende der Grundmietzeit hat der Leasingnehmer das Recht den geleasten Gegenstand zum Restwert zu kaufen, das Leasing fortzusetzen oder den Leasingvertrag zu kündigen. Das Investitionsrisiko wird auf den Leasingnehmer übertragen, wobei das Kreditrisiko im Regelfall beim Leasinggeber bleibt. Maßnahmen, die der Werterhaltung des Leasing-Gegenstandes dienen (zum Beispiel Wartung oder Versicherung), werden ebenfalls vom Leasingnehmer übernommen.

▶ Das **Finanzierungs-Leasing** umfasst die Bereitstellung von Vermögensgegenständen für eine Nutzung über einen wesentlichen Teil der Nutzungsdauer des Gegenstandes.

Weiterhin kann zwischen dem direkten und indirekten Leasing unterschieden werden. Diese Unterscheidung richtet sich nach der Stellung des Leasinggebers.

Direktes Leasing vs. indirektes Leasing
Beim **direkten Leasing** oder **Hersteller-Leasing** ist der Hersteller des Leasinggegenstandes auch gleichzeitig der Leasinggeber. In diesem Fall wird das Leasing als ein absatzpolitisches Instrument betrachtet und eingesetzt.

Weitaus verbreiteter ist das **indirekte Leasing.** Beim indirekten Leasing kauft der Leasinggeber die Vermögensgegenstände beim Hersteller, um diese an Dritte weiter zu vermieten. Die Leasinggesellschaft refinanziert sich über Kredite.

Basierend auf der Art des Leasinggegenstandes lassen sich des Weiteren das Mobilien- und Immobilien-Leasing unterscheiden.

Mobilien-Leasing vs. Immobilien-Leasing
Das **Mobilien-Leasing** umfasst das Leasing von mobilen Wirtschaftsgütern, auch Ausrüstungsinvestitionen genannt. Dazu gehören materielle Anlagegüter wie Fahrzeuge oder EDV-Anlagen, aber auch immaterielle Güter wie Software.

Zu den Immobilien-Leasinggegenständen zählen unbewegliche Gegenstände wie Gebäude, Betriebsanlagen mit festem Standort und Grundstücke. Die Grundmietzeit ist sehr lang und beträgt beim **Immobilien-Leasing** zwischen 8–20 Jahren. Das Immobilien-Leasing wird meist mit Teilamortisationsverträgen ausgestattet, da Vollamortisationsverträge zu sehr hohen Leasinggebühren führen würden und die Nutzungsdauer die Grundmietzeit überschreiten würde.

Auch das Sale-and-Lease-Back-Verfahren, welches wir im Kap. 4 kennengelernt haben, gehört zu den wesentlichen Leasing-Vertragstypen.

Steuerliche und bilanzielle Behandlung des Leasings
Für die steuerlichen Konsequenzen des Leasings ist die Tatsache entscheidend, wer der wirtschaftliche Eigentümer des Leasinggegenstandes ist. Beim operativen Leasing liegt die Bilanzierungspflicht beim Leasinggeber. Beim Finanzierungs-Leasing kann die Bilanzierungspflicht sowohl beim Leasingnehmer als auch -geber liegen. Hier spielt unter anderem unter anderem die betriebsgewöhnliche Nutzungsdauer eine Rolle. Bei einer Grundmietzeit, welche zwischen 40–90 % der Nutzungsdauer liegt, wird die Bilanzierungspflicht dem Leasinggeber zugeschrieben. Bei einer Grundmietzeit, die unter 40 oder über 90 % liegt, erfolgt die Bilanzierung beim Leasingnehmer, da das Leasing in dem Fall als Ratenkauf behandelt wird. Als Konsequenz kann der Leasingnehmer die Leasing-Raten nicht mehr als Betriebsausgaben werten. Diese Angaben sind nur als Faust-Regel zu betrachten, da die steuerliche und bilanzielle Behandlung des Leasings auch von der Leasingform und anderen Faktoren, wie Kauf- oder Mietverlängerungsoption, abhängig gemacht wird.

Beim Finanzierungs-Leasing, der häufigsten Leasingform, wird das Leasingobjekt gemäß den vier sogenannten Leasing-Erlassen des Bundesfinanzministeriums (BMF-Schreiben) zugerechnet.

- BMF-Schreiben vom 19. April 1971 zum Mobilien-Leasing: Bilanzierung von Leasing-Verträgen über bewegliche Wirtschaftsgüter
- BMF-Schreiben vom 21. März 1972 zum Immobilien-Leasing: Bilanzierung von Finanzierungs-Leasing-Verträgen über unbewegliche Wirtschaftsgüter
- BMF-Schreiben vom 22. Dezember 1975 zu Teilamortisationsverträgen: steuerrechtliche Zurechnung des Leasing-Gegenstandes beim Leasinggeber
- BMF-Schreiben vom 23. Dezember 1991 zu Teilamortisationsverträgen: ertragssteuerliche Behandlung von Teilamortisations-Leasing-Verträgen über unbewegliche Wirtschaftsgüter

Fragen zur Lernkontrolle
1. Erläutern Sie kurz den Unterschied zwischen dem operativen und dem Finanzierungs-Leasing.

_____
_____
_____

2. Geben Sie an, ob die folgende Aussage richtig oder falsch ist.
   „Werden die Anschaffungs- und Finanzierungskosten des Leasinggebers vollständig durch die Leasingzahlungen gedeckt, spricht man von einer Vollamortisation."
   ☐ Richtig
   ☐ Falsch
3. Welche Aussagen über das Finanzierungs-Leasing sind richtig?
   ☐ Der Leasing-Vertrag darf während der Grundmietzeit von beiden Parteien nicht gekündigt werden.
   ☐ Das Finanzierungs-Leasing wird nur für immaterielle Güter verwendet.
   ☐ Beim Finanzierungs-Leasing wird das Investitionsrisiko auf den Leasingnehmer übertragen.
   ☐ Nach Ende der Grundmietzeit muss der Leasingnehmer den geleasten Gegenstand zum Restwert kaufen.

5.4 Projektfinanzierung

Die **Projektfinanzierung** umfasst im Allgemeinen die Finanzierung einer wirtschaftlich und rechtlich selbstständigen Projektgesellschaft, welche sich selbst refinanziert und durch eine zeitliche Begrenzung charakterisiert ist. Der offensichtliche Zweck der Projektgesellschaft ist die Durchführung eines definierten Projekts. Ein wesentliches Merkmal der gebildeten Wirtschaftseinheit ist, dass sie kreditfähig ist und somit selbst Fremdkapital beschaffen kann. Die Projektfinanzierung ist durch drei wesentliche Merkmale gekennzeichnet:

- Zins- und Tilgungszahlungen erfolgt aus dem Projekt-Cashflow
- Die Bilanzen der am Projekt beteiligten Unternehmen werden nicht verändert
- Das Projektrisiko wird auf Projektbeteiligte verteilt

▶ Die **Projektfinanzierung** ist die Finanzierung einer wirtschaftlich und rechtlich selbstständigen Projektgesellschaft, welche durch eine zeitliche Begrenzung charakterisiert ist.

Cashflow-orientierte Kreditaufnahme
Die **Cashflow-orientierte Kreditaufnahme** setzt voraus, dass die für die Finanzierung des Projekts erforderlichen Zins- und Tilgungsleistungen ausschließlich über die zukünftig erwirtschafteten Projekt-Cashflows bedient werden. Der prognostizierte Projekt-Cashflow

lässt auf die Wirtschaftlichkeit eines Projekts schließen und gibt den Gläubigern Aufschluss über die Verschuldungsfähigkeit und die Rückzahlungsstruktur der Projektkredite. Für die Eigenkapitalgeber sind die kalkulierten Cashflows ein Maßstab für die Verzinsung und somit die Rendite des von ihnen investierten Kapitals. Eine wichtige Kennzahl in diesem Zusammenhang ist das Return on Investment (ROI).

Finanzierung außerhalb der Bilanz
Die Projektfinanzierung ist eine Art der **bilanzexternen Finanzierung,** da die am Projekt beteiligten Parteien keine direkten Bilanzauswirkungen haben. Die Projektgesellschaft besitzt eine eigene Rechtsfähigkeit, deshalb sind Projektkredite direkt mit dieser Gesellschaft verbunden und tauchen in dessen Bilanz auf.

Risikoaufteilung
Bei Projektfinanzierungen greift ein anderes Risikotragfähigkeitprinzip als bei einer Unternehmensfinanzierung. Die Investitionen weisen im Regelfall sehr hohe Beträge auf, die durch die Aufnahme von Fremdkapital eingebracht werden. Das Risiko, das die Gläubiger eingehen, kann im Zweifelsfall selten durch die Projekt-Aktiva als werthaltige Sicherheiten der Projektgesellschaft gedeckt werden. Daher werden die Projektrisiken mittels rechtlicher Vereinbarungen auf die am Projekt beteiligten Unternehmen (sogenannte Sponsoren) verteilt.

5.4.1 Beteiligte der Projektfinanzierung

Zu den Beteiligten einer Projektfinanzierung gehören klassischerweise Sponsoren, Projektersteller (Contractors), Kapitalgeber, Projektlieferanten, Versicherungen, staatliche Institutionen und Abnehmer (vgl. Abb. 5.5).

Die **Sponsoren** zählen zu den wesentlichen Parteien und sind diejenigen, die ein Projekt initiieren und in Auftrag geben. Sie sind Projektträger, haben die Entscheidungsbefugnis und sind an den Gewinnen und Verlusten eines Projektes beteiligt. Sie sind des Weiteren Eigenkapitalgeber und stehen im Rahmen des Projektes mit dem Fach-Know-how unterstützend zur Seite. Das Eigenkapital kann auch von Finanzinvestoren mit dem Ziel der Renditemaximierung bereitgestellt werden. Finanzinvestoren können Versicherungen, Kapitalanlagegesellschaften oder Private-Equity-Unternehmen sein.

▶ **Merke!** Die **Sponsoren** sind Projektträger mit Entscheidungsbefugnissen und die Initiatoren eines Projekts.

Die Projektersteller werden auch als Contractors bezeichnet. Sie sind für die zur Leistungserstellung benötigten Anlagen und somit auch für die Sachaktiva der Projektgesellschaft verantwortlich. Dazu gehören Anlagenhersteller, Bauunternehmen oder auch Ingenieurbüros.

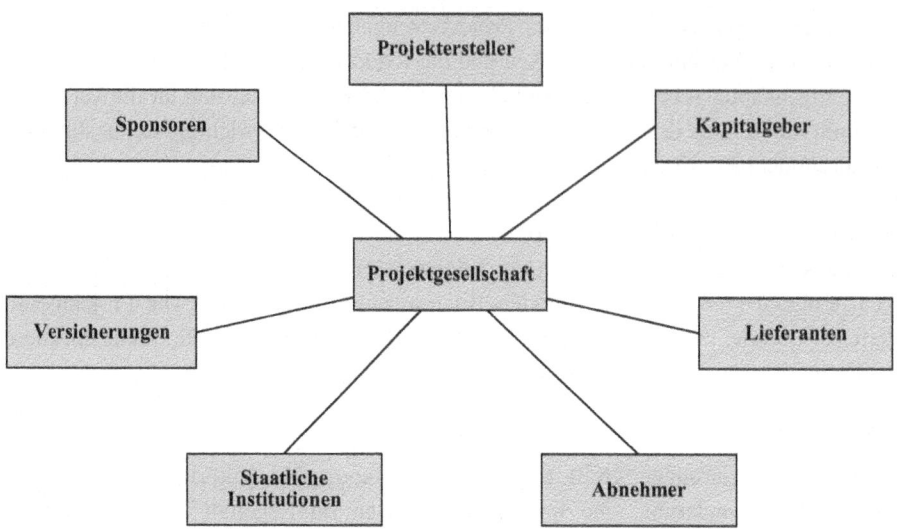

Abb. 5.5 Beteiligte einer Projektfinanzierung (Quelle: eigene Darstellung)

Die Kapitalgeber versorgen die Projektgesellschaft mit finanziellen Mitteln und sind oft internationale Geschäftsbanken, Leasinggesellschaften oder Exportfinanzierungsinstitute. Da die Projektfinanzierung zum großen Teil über Fremdkapital erfolgt, nimmt diese Gruppe eine besondere Stellung ein. Im Regelfall wird die Finanzierung nicht von einzelnen Kreditinstituten, sondern von Konsortien durchgeführt.

Für die Versorgung der Projektgesellschaft mit den betriebsnotwendigen Mitteln sind die Lieferanten verantwortlich, während die Abnehmer eine entscheidende Rolle bei der Generierung der Cashflows eines Projektes spielen.

Mögliche Risiken eines Projektvorhabens werden von Versicherungen abgedeckt. Die für die Durchführung des Projektes wichtige Genehmigungen oder die Infrastruktur werden durch staatliche Institutionen oder die öffentliche Hand bereitgestellt. Sie beeinflussen somit die administrative Umsetzung des Projektvorhabens.

5.4.2 Projektbewertung

Der Projekt-Cashflow als eine wichtige Größe für die Wirtschaftlichkeit eines Projekts dient als Basis für weitere Kennzahlen, welche Aussagen über die Schuldendeckungsfähigkeit ermöglichen.

Schuldendeckungsgrad (Debt Service Coverage Ratio)
Der **Schuldendienstdeckungsgrad (SDG)** gibt für eine spezifische Periode an, wie gut die Zins- und Tilgungszahlungen durch den Projekt-Cashflow gedeckt werden. Dabei gilt, je

höher der Cashflow, desto leichter können die Schulden beglichen werden. Da der Schuldendeckungsgrad für einzelne Perioden (zum Beispiel jährlich) ermittelt wird, ändert sich diese Kennzahl über die Projektlaufzeit, was mit einer Änderung des Projektrisikos einhergeht. Dieser lässt sich mit der folgenden Formel ermitteln:

$$\text{Schuldendeckungsgrad} = \frac{\text{Projekt-Cashflow vor Zinsaufwand}}{\text{Zins} - \text{und Tilgungszahlung}}$$

▶ **Merke!** Der **Schuldendeckungsgrad** gibt für eine spezifische Periode an, wie gut die Zins- und Tilgungszahlungen durch den Projekt-Cashflow gedeckt werden.

Eine Quote von 1,2 bedeutet beispielsweise, dass der Cashflow in einer Zeitperiode um 20 % höher ist als die in gleicher Periode anfallenden Zahlungen auf das aufgenommene Fremdkapital.

Projekt-Schuldendeckungsgrad (Life of Loan Cover Ratio)
Im Gegensatz zum einfachen Schuldendeckungsgrad, bei dem nur eine Periode zugrunde gelegt wird, betrachtet diese Kennzahl die gesamte Lebensdauer eines Projektes und die damit erzielten Cashflows. Die Berechnungsformel des **Projekt-Schuldendeckungsgrad (PSDG)** lautet:

$$\text{PSDG} = \frac{\text{Barwert der zukünftigen Projekt-Cashflows}}{\text{Kreditaußenstand}}$$

Um eine sichere Zahlung der Zins- und Tilgungsraten zu gewährleisten, muss das Ergebnis für beide Größen mindestens eins sein. Nur dann können die Gläubiger aus dem Projekt-Cashflow bedient werden.

5.4.3 Ausprägungen der Projektfinanzierung

Nach dem Umfang der Haftung durch die Sponsoren können folgende Ausprägungen der Projektfinanzierung identifiziert werden.

Rückgrifflose Projektfinanzierung (Non-recourse Financing)
Bei der rückgrifflosen Finanzierung kann bei der Finanzierung nicht auf Sponsoren zurückgegriffen werden. Das bedeutet, dass im Falle nicht ausreichender Cashflows die Gläubiger nur die Möglichkeit des Rückgriffes auf die Kapitaleinlage haben. Eine weitergehende Verpflichtung der Projektbeteiligten ist nicht vorgesehen. Die Gläubiger haben also nur Zugriff auf die Cashflows und die als Sicherheiten gestellten Projekt-Aktiva. In der Praxis wird diese Form der Finanzierung kaum eingesetzt, da sie durch das erhöhte Risiko für die Fremdkapitalgeber unattraktiv erscheint.

Rückgriffbeschränkte Projektfinanzierung (Limited-recourse Financing)
Ein eingeschränkter Rückgriff auf die Sponsoren als Mithafter ist bei der rückgriffbeschränkten Projektfinanzierung möglich. Die Limitierung der Haftung richtet sich entweder auf den Umfang oder beschränkt die Haftung auf bestimmte Projektphasen. So kann beispielsweise die Haftung dem jeweiligen Risikoumfang einzelner Projektphasen angepasst werden. Die rückgriffbeschränkte Projektfinanzierung wird in der Praxis sehr häufig eingesetzt.

Vollumfänglicher Rückgriff (Full-recourse Financing)
Bei dieser Form der Projektfinanzierung kann bei unzureichendem Cashflow vollständig auf die Projektträger zurückgegriffen werden. Das bedeutet, die Sponsoren haften in voller Höhe. In der Praxis findet diese Projektfinanzierungsform wenig Anwendung, da sie die Projektfinanzierung gegenüber einer Unternehmensfinanzierung nicht attraktiver macht.

5.4.4 Risiken der Projektfinanzierung

Wie bereits erwähnt beinhaltet jedes Projekt bestimmte Phasen, welche durch unterschiedliche Risiken behaftet sind. Typische Projektphasen sind die Entwicklung, Errichtung und der Betrieb. Die Dauer der einzelnen Phasen variiert je nach Komplexität

Tab. 5.3 Risiken einer Projektfinanzierung (Quelle: eigene Darstellung)

Risiko	Beschreibung
Technische Risiken	
Planungsrisiko	Fehlerhafte Planung seitens der Ingenieure, basierend auf einer falschen Einschätzung der technischen Komplexität
Fertigstellungsrisiko	Keine fristgerechte Fertigstellung des Projekts
Kostenüberschreitungsrisiko	Fehlkalkulationen oder Änderungen, welche höhere Kosten verursachen
Umweltrisiko	Nichteinhalten von Vorgaben
Wirtschaftliche Risiken	
Betriebsrisiko	Unerfahrenes Personal, Produktionsausfälle
Preis- und Absatzrisiko	Keine kostendeckende Produktion, Veränderung der Absatzmengen
Zinsrisiko	Steigende Zinsen bei variabel vereinbarten Basiszinssätzen (zum Beispiel EURIBOR)
Wechselkursrisiko	Konsequenzen der Wechselkursänderungen auf Aufwand und Ertrag
Zuliefererrisiko	Fristgerechte Belieferung nicht gesichert
Sonstige Risiken	
Politisches Risiko	Politische Instabilität
Force-Majeure-Risiko	Höhere Gewalt (Zum Beispiel Erdbeben)

und Umfang des Projektes. Üblich sind etwa zwei bis drei Jahre für die ersten zwei Phasen, während die Betriebsphase sich über zehn bis dreißig Jahre erstrecken kann. Die Phasen sind vor allem im Sinne der Risikoverteilung von hoher Bedeutung. Tab. 5.3 zeigt zusammengefasst die unterschiedlichen Risikoarten der Projektfinanzierung.

Fragen zur Lernkontrolle
1. Beschreiben Sie die Rolle der Sponsoren bei einer Projektfinanzierung.

_____
_____
_____

2. Welche Aussagen bezüglich der Projektfinanzierung sind richtig?
   ☐ Ein wesentliches Merkmal der Projektgesellschaft ist, dass sie kreditfähig ist und somit selbst Fremdkapital beschaffen kann.
   ☐ Bei einer Projektfinanzierung haften die Sponsoren grundsätzlich bis zur Höhe des Einlagevermögens.
   ☐ Der Schuldendeckungsgrad gibt für die Projektlebensdauer an, wie gut die Zins- und Tilgungszahlungen durch den Projekt-Cashflow gedeckt werden.
   ☐ Die Projektfinanzierung ist eine Art der bilanzexternen Finanzierung, da die Bilanzen der am Projekt beteiligten Parteien nicht direkt verändert werden.
3. Die Projektfinanzierung ist durch drei wesentliche Merkmale gekennzeichnet und zwar …
   ☐ … durch die Cashflow-orientierte Kreditaufnahme.
   ☐ … durch die rückgriffbeschränkte Finanzierung.
   ☐ … durch die Finanzierung außerhalb der Bilanz.
   ☐ … durch die Risikoaufteilung.

5.5 Mezzaninkapital

Mezzaninkapital oder die Mezzanine-Finanzierung umfasst Finanzierungsarten, welche rechtlich und wirtschaftlich Eigen- und Fremdkapitalkomponenten beinhalten und zu den hybriden Finanzinstrumenten gezählt werden. Je nach der Ausgestaltung kann das Mezzaninkapital eigenkapitalbezogen (equity mezzanine) oder fremdkapitalnah sein (debt mezzanine).

▶ Das **Mezzaninkapital** umfasst Finanzierungsarten, welche rechtlich und wirtschaftlich Eigen- und Fremdkapitalkomponenten beinhalten.

Mezzaninkapital weist gewisse charakteristische Merkmale auf, dazu zählen:

- Nachrangigkeit: Im Regelfall wird das Mezzaninkapital im Insolvenzfall erst nach allen anderen Gläubigern bedient, jedoch vor den Eigenkapitalgebern.
- Rückzahlungsverpflichtung: Mezzaninkapital ist zwar durch eine langfristige Finanzierung gekennzeichnet. Im Unterschied zum Eigenkapital wird das Mezzaninkapital jedoch meistens nach einer bestimmten Periode wieder zurückgezahlt.
- Hohe Renditen: Das Mezzaninkapital ist häufig mit höheren Risiken behaftet. Daher wird auf diese Finanzinstrumente auch eine höhere Rendite gezahlt als bei Fremdkapital, aber auch eine niedrigere als beim Eigenkapital.
- Eingeschränkte Mitspracherechte: Die Mezzanine-Kapitalgeber haben zwar im Gegensatz zu Fremdkapitalgebern häufig Mitspracherechte, diese sind jedoch stark eingeschränkt.
- Steuerliche Abzugsfähigkeit: Die Zahlungen für die Bereitstellung von Mezzaninkapital sind wie beim Fremdkapital steuerabzugsfähig und mindern somit den steuerlichen Gewinn.
- Zeitliche befristetes Kapital mit langer Laufzeit: Im Regelfall wird das Kapital für einen Zeitraum von sechs bis zwölf Jahren, jedoch befristet, zur Verfügung gestellt.

5.5.1 Formen des Mezzaninkapitals

Das Mezzaninkapital kann viele unterschiedliche Formen annehmen, welche durch seine Eigenkapital- oder Fremdkapitalähnlichkeit gekennzeichnet sind und unterschiedliche Rechte verbriefen. Im Folgenden werden sechs unterschiedliche Instrumente des Mezzaninkapitals näher erläutert.

Optionsanleihe (Bond with Warrant)
Optionsanleihen sind Schuldverschreibungen, welche wie normale Anleihen das Recht auf Verzinsung und Rückzahlung verbriefen. Allerdings beinhalten sie die Option auf Bezug von Aktien zu dem zuvor festgelegten Bezugskurs und Bezugsverhältnis sowie innerhalb der eingeräumten Optionsfrist. Dieses Recht ist in dem Optionsschein (warrant) verbrieft. Die Bedingungen werden bei der Emission der Optionsanleihe festgelegt. Im Gegensatz zur Wandelanleihe wird die Optionsanleihe bei der Ausübung des Optionsrechts nicht fällig. Das heißt, der Emittent ist weiterhin dazu verpflichtet die Anleihe bei Fälligkeit zu tilgen. Optionsanleihen werden häufig als Inhaberpapiere emittiert und haben aufgrund der Option im Regelfall einen niedrigen Nominalzins. Der Halter einer Optionsanleihe kann jedoch eine hohe Rendite erzielen, wenn er sein Optionsrecht bei steigenden Aktienpreisen ausübt. Eine Voraussetzung für die Emission der Optionsanleihen ist eine bedingte Kapitalerhöhung. Nur so kann der Emittent sicherstellen, dass er dem Investor bei der Ausübung seines Optionsrechts Aktien anbieten kann.

Der Inhaber einer Optionsanleihe kann die Optionsanleihe auf unterschiedliche Weisen an der Börse handeln. Die Anleihe und der Optionsschein sind voneinander unabhängig, ergänzen sich jedoch zu der Optionsanleihe. Eine Anleihe mit dem Optionsschein wird als „Anleihe cum" bezeichnet. Es besteht die Möglichkeit, die Anleihe ohne den Optionsschein zu handeln. In diesem Fall handelt es sich im eine Anleihe ohne das Optionsrecht (Anleihe ex). Der Optionsschein kann auch getrennt von der Anleihe gehandelt werden. Hier spricht man nur vom Warrant.

Des Weiteren kann die Optionsanleihe in zwei Kategorien eingeteilt werden: europäische Optionsanleihen und amerikanische Optionsanleihen. Während bei europäischen Optionsanleihen das Optionsrecht nur am Ende ihrer Laufzeit ausgeübt werden kann, ist die Ausübung des Optionsrechts bei der amerikanischen Optionsanleihe während der Laufzeit erlaubt.

Beispiel
Die Gold AG begibt am 11.05.2017 Optionsanleihen mit einem Gesamtemissionsvolumen von 10 Mio. €. Die Stückelung beträgt 10.000 Teilschuldverschreibungen zu je 1.000 €. Die Optionsanleihe wird zum Nennwert emittiert und soll zum 11.05.2024 zum Nennwert getilgt werden. Der Kupon beträgt 2 %. Jeder Optionsanleihe im Nennwert von 1.000 € hat fünf Optionsscheine. Diese berechtigen zum Bezug von jeweils zwei Aktien zum Preis von 11 €. Das Bezugsverhältnis also beträgt 2 : 1. Da es sich bei der Optionsanleihe um eine amerikanische Form handelt, kann das Optionsrecht jederzeit während der Laufzeit ausgeübt werden. Der aktuelle Börsenkurs der Aktie liegt bei 9 €. Für den Inhaber der Optionsanleihe würde es nur Sinn machen, sein Optionsrecht auszuüben, wenn der Preis der Aktie über den Bezugspreis von 11 € steigt. Bei einem Kurs von 16 € beispielsweise würde der Wert einer Option bei $2 \cdot 5 = 10$ € liegen, da jeder Optionsschein zum Bezug von zwei Aktien berechtigt. Da eine Optionsanleihe fünf Optionsscheine hat, wäre das Optionsrecht $5 \cdot 10 = 50$ € wert.

Anhand der Angaben kann der Umfang der möglichen Kapitalerhöhung für die Gold AG berechnet werden. Die Emission der Optionsanleihen umfasst 10 Mio. € mit insgesamt 10.000 Anleihen mit einem Nennwert von je 1.000 €. Werden alle Optionsscheine eingelöst, so muss die Gold AG 100.000 neue Aktien emittieren ($2 \cdot 5 \cdot 10.000$) mit einem Bezugspreis von 11 €. Somit erhöht sich das Fremdkapital der Gold AG um 10 Mio. €. Das Eigenkapital kann um $100.000 \cdot 11\,€ = 1.100.000\,€$ steigen (sofern der Aktienkurs über 11 € steigt).

Wandelanleihe (Convertible Bond)
Wandelanleihen oder **Wandelschuldverschreibungen** sind in ihrer Grundform wie normale Anleihen, welche dem Gläubiger das Recht auf Zinszahlungen und die Rückzahlung des Nennwerts bei Fälligkeit der Anleihe einräumt. Jedoch besteht bei Wandelanleihen die Möglichkeit, das Gläubigerverhältnis in ein Beteiligungsverhältnis und somit Fremd- in Eigenkapital umzuwandeln. Das Wandlungsrecht beinhaltet den Umtausch der Anleihe in eine festgelegte Anzahl von Aktien. Bei der Emission der

Wandelanleihe werden der Wandlungspreis (Preis zum Umtausch der Anleihe), das Wandlungsverhältnis (Anzahl der Aktien) und die Wandlungsfrist (Zeitraum für den Umtausch) festgelegt. Da die Wandelanleihe das Wandlungsrecht beinhaltet, ist der Nominalzins meist niedrig. Jedoch hat der Investor wie bei Optionsanleihen die Möglichkeit, durch Aktienkurssteigerungen einen höheren Wertzuwachs zu erzielen. Wird die Wandelanleihe während ihrer Laufzeit nicht umgewandelt, behält sie die Merkmale einer üblichen Anleihe, welche zur Fälligkeit getilgt wird. Pflichtwandelanleihen sehen eine Umwandlung zum Ende der Laufzeit in den Emissionsbedingungen vor.

Genussschein (Participation Certificate)
Genussscheine können neben den Aktiengesellschaften auch von Personengesellschaften oder Gesellschaften mit beschränkter Haftung begeben werden. Sie verbriefen wie Anleihen das Recht auf die Rückzahlung des Nennwertes. Statt Zinsen erhält der Inhaber eines Genussscheins jedoch eine Erfolgsbeteiligung am Gewinn des Unternehmens. Die Erfolgsbeteiligung kann in Form von festen oder variablen Ausschüttungen stattfinden. Das heißt, Genussscheine haben zwar den Charakter eines verzinslichen Wertpapiers, wenn es um die Rückzahlung des Kapitals und das fehlende Stimmrecht geht. Die Erfolgsbeteiligung findet man dagegen bei Aktien, also Eigenkapitalinstrumenten. Aus diesem Grund zählen Genussscheine zu der Kategorie des Mezzaninkapitals. Neben der Erfolgsbeteiligung können die Inhaber der Genussscheine auch an den Verlusten des Emittenten partizipieren. Die Verluste werden dann häufig mit dem Rückzahlungsbetrag verrechnet. Im Insolvenzfall werden die Genussscheininhaber erst nach der Befriedigung der Ansprüche andere Gläubiger bedient.

▷ **Merke! Genussscheine** verbriefen das Recht auf die Rückzahlung des Nennwertes und eine Erfolgsbeteiligung am Gewinn oder Umsatz des Unternehmens.

Partiarisches Darlehen (Participation Loan)
Ein **partiarisches Darlehen** ist ein langfristiges Darlehen, welches keinen festen Zinsanspruch oder nur eine geringe Mindestverzinsung verbrieft und als Ausgleich dafür eine Beteiligung am Gewinn und einen Rückzahlungsanspruch gewährt. Das Unternehmen kann also die Vorteile eines Darlehens nutzen, ohne fixe Zinszahlungen leisten zu müssen, die auch im Verlustfall anfallen.

Nachrangige Darlehen (Subordinated Loan)
Nachrangige Darlehen sind Darlehen, welche im Insolvenzfall erst nach allen anderen nicht nachrangigen Gläubigern, aber vor Eigenkapitalgebern, bedient werden. Dieses Risiko wird im Regelfall durch einen höheren Zins ausgeglichen. Nachrangige Darlehen sind oft unbesichert oder aber mit nachrangigen Sicherheiten ausgestattet. Das nachrangige Darlehen wird wegen der eigenkapitalähnlichen Merkmale als wirtschaftliches Eigenkapital gewertet und erhöht somit die Eigenkapitalquote.

Stille Beteiligung

Stille Beteiligungen oder stille Gesellschaften zeichnen sich dadurch aus, dass sie keine Rechtsform im gesellschaftsrechtlichen Sinne sind, sondern eine Innengesellschaft. Stille Beteiligungen ermöglichen eine Erhöhung des Eigenkapitals durch stille Gesellschafter. Die stille Beteiligung umfasst demnach die Teilnahme an einem Handelsgewerbe durch eine Vermögenseinlage. Die Laufzeit für die stille Beteiligung ist meist vertraglich festgehalten. Nach Ablauf der Beteiligung wird die Einlage zurückbezahlt. Der stille Gesellschafter wird am Gewinn des Unternehmens durch eine vertraglich festgelegte Vergütungskomponente beteiligt. Zusätzlich dazu wird ein fixer Zinssatz vereinbart. Die Verlustbeteiligung kann ausgeschlossen werden und beschränkt sich nur auf die Vermögenseinlage des stillen Gesellschafters. Er hat im Regelfall keine Mitspracherechte. Seine Rechte umfassen eingeschränkte Kontrollrechte, welche die Einsicht in die Jahresabschlüsse beinhaltet. Für eine stille Beteiligung können jedoch vertraglich weitere Rechte vereinbart werden.

Je nach Ausgestaltung der Beteiligung unterscheidet man zwischen der typischen und der atypischen stillen Beteiligung. Eine typische stille Beteiligung erlaubt eine Anteilhabe am Gewinn, jedoch nicht an den stillen Reserven. Die Rückzahlung beschränkt sich auf die Vermögenseinlage. Bei atypischen stillen Beteiligungen werden die stillen Gesellschafter nicht nur an den stillen Reserven beteiligt, sondern erhalten darüber hinaus gewisse Mitbestimmungs-, Kontroll- und Informationsbefugnisse.

> **Beispiel**
>
> Frau Kranich beteiligt sich als stille Gesellschafterin an der Motor GmbH. Sie bringt eine Vermögenseinlage in Höhe von 500.000 € ein. Die stille Gesellschaft wird für insgesamt drei Jahre gegründet und zwar für den Zeitraum vom 1. Januar 2017 bis zum 31.12.2020. Die Gewinnbeteiligung umfasst 10 % des Jahresüberschusses vor Steuern. Die Motor AG hat in diesen drei Jahren ein Gebäude im Wert von 1 Mio. € errichtet. Der Wert des Gebäudes betrug zum 31. Dezember 2020 bereits 1,5 Mio. €.
>
> Frau Kranich wird an diesem in der Bilanz nicht ausgewiesenen Gewinn nicht beteiligt, da es sich um eine stille Reserve handelt. Hier liegt eine typische stille Beteiligung vor.

Fragen zur Lernkontrolle

1. Welche der folgenden Merkmale zeichnen das Mezzaninkapital aus?
   - ☐ Nachrangigkeit
   - ☐ Mitspracherechte
   - ☐ Höhere Rendite als normales Fremdkapital
   - ☐ Rückzahlungs- und Zinsverpflichtungen
2. Die Fuchs AG begibt eine Optionsanleihe in einer Gesamthöhe von 100 Mio. €. Die Stückelung beträgt 10.000 Teilschuldverschreibungen zu 1.000 €. Der Kupon ist 2 %. Jede Optionsanleihe im Nennwert von 1.000 € hat drei Optionsscheine und berechtigt zum Bezug von je zwei Aktien zum Preis von 15 €. Wann würde es für den Inhaber der Optionsanleihe Sinn machen, sein Optionsrecht auszuüben?

☐ Wenn der Preis der Aktie unter 15 € fällt.
☐ Wenn der Preis der Aktie über 15 € liegt.
☐ Wenn der Preis der Aktie genau 15 € beträgt.
☐ In keinem der drei Fälle.
3. Stille Beteiligungen …
   ☐ … können in typische und atypische Formen unterschieden werden.
   ☐ … verbriefen grundsätzlich Mitspracherechte am Unternehmen.
   ☐ … sind zeitlich begrenzt.
   ☐ … ermöglichen eine Erhöhung des Eigenkapitals durch stille Gesellschafter.

5.6 Lernkontrolle

Zusammenfassung

Alternative Finanzierungsinstrumente bieten besondere Vorteile, wenn klassische Kapitalbeschaffungsmaßnahmen nicht ausreichen. Zu den alternativen Finanzierungsinstrumenten gehören Asset Backed Securities, Factoring, Leasing, Projektfinanzierung und Mezzaninkapital.

Asset Backed Securities (ABS) sind verzinsliche Wertpapiere, welche durch Aktiva gedeckt werden und die das Handeln mit nicht liquiden Vermögensgegenständen ermöglichen. Eine dafür gegründete Zweckgesellschaft bündelt die Forderungen mehrerer Gläubiger und verbrieft sie in festverzinslichen Wertpapieren, den Asset Backed Securities. Der Forderungsverkäufer (Originator) kann somit seine Liquidität kurzfristig erhöhen und damit beispielsweise seine Verbindlichkeiten reduzieren.

Eine weitere Möglichkeit der Forderungsverkäufe bietet das Factoring. Das Factoring umfasst einen laufenden Verkauf von kurzfristigen Forderungen aus Lieferungen und Leistungen an eine Factoringgesellschaft. Das primäre Ziel des Factoring ist der Abbau der kapitalbindenden Außenstände und somit die Schaffung von Liquidität vor der Fälligkeit der Forderungen. Grundsätzlich lassen sich drei wesentliche Leistungen des Factors differenzieren: die Finanzierungs-, Dienstleistungs- und Delkrederefunktion.

Benötigt ein Unternehmen Vermögensgegenstände für eine zeitlich befristete betriebliche Nutzung zur Durchführung des Leistungsprozesses, so kann es auf das Leasing zurückgreifen. Die in der Praxis sehr häufig genutzte Form ist das Finanzierungs-Leasing. Es umfasst den Erwerb von Vermögensgegenständen für eine langfristige Nutzung über einen wesentlichen Teil der Nutzungsdauer des Gegenstandes.

Besonders bei Investitionen wird die Projektfinanzierung als Finanzierungsinstrument eingesetzt. Die Projektfinanzierung umfasst im Allgemeinen die Finanzierung einer wirtschaftlich und rechtlich selbstständigen Projektgesellschaft, welche sich selbst refinanziert und durch eine zeitliche Begrenzung charakterisiert ist. Die Projektfinanzierung ist durch drei wesentliche Merkmale gekennzeichnet: Cashflow-orientierte Finanzierung, Finanzierung außerhalb der Bilanz und Risikoaufteilung.

Eine besondere Art der Finanzierung stellt das Mezzaninkapital dar. Das Mezzaninkapital umfasst Finanzierungsarten, welche rechtlich und wirtschaftlich Eigen- und Fremdkapitalkomponenten beinhalten. Es zeichnet sich durch besondere Merkmale wie Nachrangigkeit oder hohe Renditen aus und umfasst unter anderem Optionsanleihen, stille Beteiligungen oder Genussscheine.

Gerade in Zeiten restriktiver Kreditvergabe und insbesondere bei kleinen und mittleren Unternehmen kommt den alternativen Finanzierungsinstrumenten eine wichtige Bedeutung zu.

Übungsaufgaben
1. Asset Backed Securities und das Factoring werden häufig verwechselt.
   a) Definieren Sie kurz die Asset Backed Securities und das Factoring.
   b) Welche Vorteile haben diese beiden Finanzierungsformen gemeinsam?
   c) Worin unterscheidet sich die Finanzierung mit Asset Backed Securities von der Form des Factorings?
2. Die Kalkbrenner AG begibt Optionsanleihen mit der folgenden Ausstattung:
Gesamtemissionsvolumen: 10 Mio. €
Stückelung: 10.000
Nennwert: 1.000 €
Kupon: 2 %
Bezugsrecht: 3 : 1
Bezugskurs: 10 €
Form: amerikanische Optionsanleihe
   a) Ab welchem Aktienpreis würde sich die Inanspruchnahme des Bezugsrechts lohnen?
   b) Der aktuelle Aktienkurs liegt bei 14 €. Wie hoch ist der Wert eines Optionsscheins in diesem Fall?
   c) Wenn jede Anleihe insgesamt fünf Optionsscheine hat, wie hoch ist der Wert der Anleihe?
   d) Würden alle Optionsscheine eingelöst werden, wie viele neue Aktien müsste das Unternehmen emittieren?
   e) Um welchen Wert steigt das Eigenkapital bei einem Bezugspreis von 10 €? Wie viele Mittel fließen dem Unternehmen durch das Fremdkapital zu?
3. Die Dutimog GmbH möchte ihre Forderungen in Höhe von 50.000 an eine Factoringgesellschaft veräußern. Die Restlaufzeit der Forderung beträgt drei Monate. Dabei möchte sie vom Full-Service-Factoring Gebrauch machen. Das bedeutet, die Gesellschaft soll die Finanzierungs-, Dienstleistungs- und Delkrederefunktion übernehmen. Die Factoringgesellschaft Factoring GmbH unterbreitet das folgende Angebot:

Kontrakt Konditionen	
Full-Service-Factoring-Gebühren	2 % der Forderungssumme
Zinssatz für Finanzierung	5 % p. a
Vorauszahlung	90 % der Forderungssumme

a) Berechnen Sie den sofortigen Auszahlungsbetrag an die Dutimog GmbH.
b) Berechnen Sie die Factorkosten.
c) Welche Restzahlung ergibt sich nach der Fälligkeit der Forderung?
4. Finden Sie zwei Unternehmen, welche die in Kap. 5 aufgeführten Finanzierungsinstrumente in der Praxis einsetzen und beschreiben Sie kurz, welche Vorteile den Unternehmen dadurch entstehen.
5. Diskutieren Sie die folgende Aussage kritisch. Begründen Sie Ihre Meinung.
   „Das Factoring ist ein Indiz dafür, dass das Unternehmen wirtschaftlich schwächer ist."

Literatur

Deutscher Factoring Verband (2018): *Jahresbericht 2017*, Berlin.
Jahrmann, F.-U. (2009): *Finanzierung: Darstellung, Kontrollfragen, Aufgaben und Lösungen*, 6., vollständig überarbeitete Auflage, Neue Wirtschafts-Briefe, Herne/Berlin.
Prätsch, J., Schikorra, U., Ludwig, E., (2012): *Finanzmanagement: Lehr- und Praxisbuch für Investition, Finanzierung und Finanzcontrolling*, 4., erweiterte und überarbeitete Auflage, Springer, Berlin.
Zantow, R./Dinauer, J./ Schäffler, C. (2016): *Finanzwirtschaft des Unternehmens: Die Grundlagen des modernen Finanzmanagements*, 4., aktualisierte Auflage, Pearson Studium, München.

Weiterführende Literatur zum Selbststudium

Hartmann-Wendels, T. (2012): *Factoring – Ein Finanzierungsinstrument mit Wachstumspotenzial*. In: Finanzierung, Leasing, Factoring 1/2012, S. 14–19.
Laura, G. (2010): *International Factoring – a Viable Financing Solution for Firms*. In: Young Economists Journal / Revista Tinerilor Economisti, 8 (14), S. 27–34.
Wöhe, G./Bilstein, J./Ernst, D./Häcker, J. (2013): *Grundzüge der Unternehmensfinanzierung*, 11. überarbeitete Auflage, Vahlen, München, S. 217.

Optimierung des Finanzmanagements 6

> **Lernziele**
> Nach der Bearbeitung dieses Kapitels werden Sie wissen, ...
> ... wie sich durch Forward Rate Agreements Zinsänderungsrisiken in der Zukunft absichern lassen.
> ... wie Futures eingesetzt werden, um Risiken durch Preisschwankungen zu umgehen.
> ... wie sich mithilfe von Swaps künftige Cashflows zwischen zwei Parteien austauschen lassen.
> ... wie Optionen von Anlegern zur Wertsicherung genutzt werden können.

Aus der Praxis

Finanzderivate haben in den letzten 30 Jahren eine immer breitere Anwendung in der Finanzwelt gefunden. So werden täglich diverse Derivate an den Terminbörsen und im außerbörslichen Handel, dem sogenannten Over-the-Counter-Markt (OTC-Markt), ge- und verkauft. Diese Finanzinstrumente können auf unterschiedliche Weise eingesetzt werden, wie die folgenden Beispiele zeigen:

- Der Möbelhersteller Knut GmbH erwartet einen steigenden Umsatz und möchte die sich daraus ergebende Liquidität gewinnbringend am Geldmarkt anlegen. Die Knut GmbH geht davon aus, dass das Zinsniveau fällt. Aus diesem Grund möchte sich das Unternehmen absichern und das Zinsänderungsrisiko durch den Verkauf eines Forward Rate Agreements beseitigen.

- Der Nudelhersteller Grieß AG nutzt das Future-Geschäft, um im laufenden Geschäftsjahr zu einem heute festgelegten Preis eine Tonne Weizen zu bestellen, welche ihm erst in einem Jahr geliefert wird. Somit kann sich das Unternehmen gegen eventuelle Preisschwankungen absichern.
- Das deutsche Exportunternehmen HTG AG möchte seiner US-Tochtergesellschaft einen Währungskredit gewähren und dabei das Wechselkursrisiko ausschalten. Hierzu wird ein Zins-Währungs-Swap eingesetzt.
- Der Anleger Herr Müller hält 100 Aktien des Unternehmens Frick AG. Er erwartet, dass das Kursniveau der Aktien in den nächsten Monaten fällt. Um einen Verlust seines Depots zu vermeiden, erwirbt er Verkaufsoptionen auf diese Aktien.

Diese Beispiele zeigen den Einsatz von Finanzderivaten. Generell handelt es sich bei Derivaten um Vereinbarungen, welche heute getroffen werden und festlegen, zu welchen Konditionen ein bestimmtes Produkt in der Zukunft erworben oder getauscht wird. Das Produkt wird also auf Termin gehandelt. Bei allen Finanzderivaten handelt es sich um Termingeschäfte, deren Vertragsabschluss und Erfüllung zeitlich versetzt stattfinden.

Derivate können als Absicherung, Arbitrage oder zu Spekulationszwecken genutzt werden. Sie werden jeweils von einem Basiswert (Underlying) abgeleitet. Als Basiswerte dienen dabei Waren, Wertpapiere wie Aktien oder Anleihen sowie marktbezogene Referenzgrößen wie Zinssätze oder Indizes (zum Beispiel Aktienindizes). Eine Aktienoption stellt beispielsweise ein Derivat dar, dessen Wert vom Kurs einer Aktie abhängt. Derivate können sowohl an den regulierten Terminbörsen oder direkt zwischen den Marktteilnehmern im Freiverkehr (OTC-Handel) gehandelt werden.

Basierend auf dem Grad der Erfüllungspflicht lassen sich Termingeschäfte in unbedingte und bedingte Termingeschäfte unterteilen. Bei unbedingten Termingeschäften besteht für beide Parteien die Pflicht, den Vertrag zu erfüllen. Zu den unbedingten Termingeschäften gehören Forward Rate Agreements, Futures und Swaps. Optionen zählen dagegen zu den bedingten Termingeschäften. Hierbei hat der Käufer das Recht, jedoch keine Pflicht, die Option tatsächlich auszuüben. Im Folgenden betrachten wir diese vier Grundarten.

6.1 Forward Rate Agreements

Ein **Forward Rate Agreement (FRA)** ist eine Vereinbarung zwischen zwei Parteien über einen fixen Zinssatz für künftige Geldanlagen oder Kreditbedarfe. Es handelt sich hierbei um ein außerbörsliches Zinstermingeschäft. Dieses Instrument dient der Absicherung von Zinsänderungsrisiken für eine bestimmte Zeitperiode in der Zukunft. Ein Unternehmen weiß beispielsweise, dass es in einem Jahr einen Kredit über 5 Mio. € abschließen möchte, um eine Maschine zu kaufen. Durch den Kauf eines Forward Rate Agreements kann es schon heute den Kreditzins, den es in einem Jahr bezahlen muss, festlegen. Umgekehrt kann ein Unternehmen, dass in drei Monaten einen Kapitalanlagebedarf von

6.1 Forward Rate Agreements

10 Mio. € hat, sich gegen sinkende Zinsen absichern. Durch Verkauf eines Forward Rate Agreements kann es schon jetzt den Anlagezinssatz festlegen. Der Vorteil eines Forward Rate Agreements liegt daher in der Tatsache, dass Zinsänderungsrisiken in der Zukunft eliminiert werden können. Als Basis zur Berechnung des Zinssatzes dient ein festgelegter Nominalbetrag. Bei dem Zinstermingeschäft besteht keine Verpflichtung den Nominalbetrag bereitzustellen. Dieser dient lediglich als eine Berechnungsgrundlage zur Ermittlung der Ausgleichszahlung. Forward Rate Agreements werden über den OTC-Markt gehandelt.

▶ Ein **Forward Rate Agreement (FRA)** ist eine Vereinbarung zwischen zwei Parteien über einen fixen Zinssatz für künftige Geldanlagen oder Kreditbedarfe.

Als Käufer – **Long-Position** – eines FRA wird die Vertragspartei bezeichnet, welche sich im Rahmen eines Kreditbedarfs gegen steigende Zinsen absichert. Als Verkäufer – **Short-Position** – gilt die Vertragspartei, welche sich im Rahmen einer geplanten Geldanlage gegen sinkende Zinsen absichern möchte. FRA-Verträge werden individuell zwischen den Vertragsparteien geregelt und unterscheiden sich jeweils bezüglich des Nominalbetrags, Beginn der FRA-Periode und der Laufzeit. Trotz dieser individuellen Gestaltung zwischen Käufer und Verkäufer haben sich am Markt bestimmte Vertragskonstellationen bezüglich der Vorlaufzeit, der Gesamtlaufzeit und des Referenzzinssatzes etabliert. Üblich sind beispielsweise Gesamtlaufzeiten von bis zu maximal zwei Jahre und einer Sicherungsperiode von drei, sechs, neun oder zwölf Monaten.

Folgende Konditionen werden bei FRA-Geschäften festgelegt:

- Vorlaufzeit, welche die Zeitspanne vor Beginn der Zinssicherung widerspiegelt
- Zinssicherungsperiode, über welche der Zins gesichert wird, das heißt die Periode zwischen dem Starttag (Settlement-Tag) und dem Endtag (Maturity-Tag)
- Höhe des vereinbarten Zinssatzes (Forward-Rate-Satz) für die Zinssicherungsperiode
- Höhe des vereinbarten Nominalbetrags
- Referenzzinssatz wie der EURIBOR oder LIBOR. Dabei handelt es sich um den Zinssatz, mit dem der FRA-Satz am Referenztag (Fixing-Tag) verglichen wird. Dieser Zinssatz wird bei Geschäftsabschluss vereinbart

6.1.1 Ablauf eines FRA-Geschäfts

Wie bereits erwähnt, können mithilfe der FRA-Verträge Zinsänderungsrisiken sowohl auf der Passiv- als auch auf der Aktivseite reduziert werden.

Besteht beispielsweise ein Kreditbedarf und werden steigende Zinsen erwartet, kann durch den FRA ein fester Zinssatz für den Zeitpunkt der Mittelaufnahme gesichert werden. Der Verkäufer eines Forward Rate Agreements verkauft zu dem Zeitpunkt des

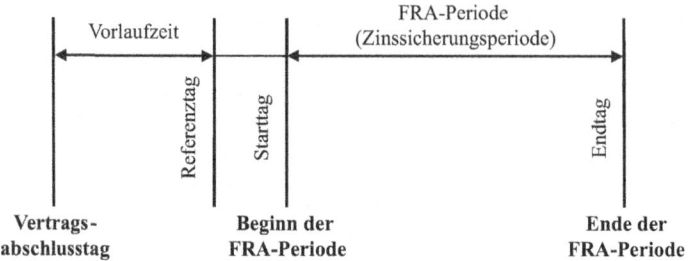

Abb. 6.1 Zeitlicher Ablauf eines Forward Rate Agreements (Quelle: eigene Darstellung)

Vertragsabschlusses einen fixen Zinssatz. Der Käufer eines Forward Rate Agreements verfolgt die Absicht, sich bei einer Inanspruchnahme eines Kredits gegen steigende Zinsen bis zum Abschlusszeitpunkts des Kredits zu schützen. Nach einer festgelegten Vorlaufzeit wird am Referenztag (Fixing-Tag) der Referenzzinssatz (zum Beispiel EURIBOR) mit dem FRA-Satz verglichen. Hierbei ist es entscheidend, ob der zu diesem Zeitpunkt vorhandene gültige Referenzzinssatz über oder unter dem vereinbarten Festzinssatz liegt (vgl. Abb. 6.1). Bei einem niedrigeren Forward-Rate-Satz ist der Verkäufer dazu verpflichtet, dem Käufer (typischerweise Kreditnehmer) die Differenz zu vergüten. Bei einem höheren Forward-Rate-Satz profitiert dagegen der Verkäufer (typischerweise ein Kapitalanleger), da der Käufer die Ausgleichszahlung leisten muss. Damit kann das Forward Rate Agreement sowohl dem Käufer als auch dem Verkäufer zur Zinsabsicherung dienen. Bei höherem Referenzzinssatz im Vergleich zum ursprünglich vereinbarten Forward-Rate-Satz wird der Käufer (Kreditnehmer) durch die Zahlung entschädigt und kann die zusätzlichen Kreditzinsen bei Kreditaufnahme am Starttag mit der Zahlung aus dem Forward-Rate-Geschäft begleichen.

Bei Geldanlagen dagegen besteht die Absicht, sich mithilfe des Forward Rate Agreements gegen sinkende Zinssätze abzusichern. In diesem Fall ist der Kapitalanleger der Verkäufer des Forward Rate Agreements. Hierbei wird ebenfalls ein fester Zinssatz zum Zeitpunkt der Geldanlage vereinbart. Tritt tatsächlich der Fall einer Zinssenkung ein, so ist der Käufer dazu verpflichtet, die Differenz zwischen dem FRA-Zinssatz und dem niedrigeren Referenzzinssatz zu zahlen. Der Verkäufer bekommt sozusagen eine Entschädigung dafür, dass er zum Zeitpunkt der Kapitalanlage nur einen niedrigeren Zinssatz erhält.

Die Abhängigkeit des Ausgleichsbetrags aus dem FRA-Geschäft kann man auch gut aus Abb. 6.2 ablesen.

Der vereinbarte FRA-Zinssatz beträgt in diesem Beispiel 4,5 %. Beim Vergleich des FRA-Zinssatzes mit dem aktuellen Referenzzinssatz am Referenztag, das heißt zwei Handelstage vor Beginn der Sicherungsperiode, erhält der Käufer vom Verkäufer eine Ausgleichszahlung, wenn der Referenzzinssatz über den 4,5 % des FRA-Satzes liegt. Ist dagegen der Referenzzins niedriger als der FRA-Satz, so erhält der Verkäufer vom Käufer eine Ausgleichszahlung. Die Ausgleichszahlung wird zwei Börsentage nach dem

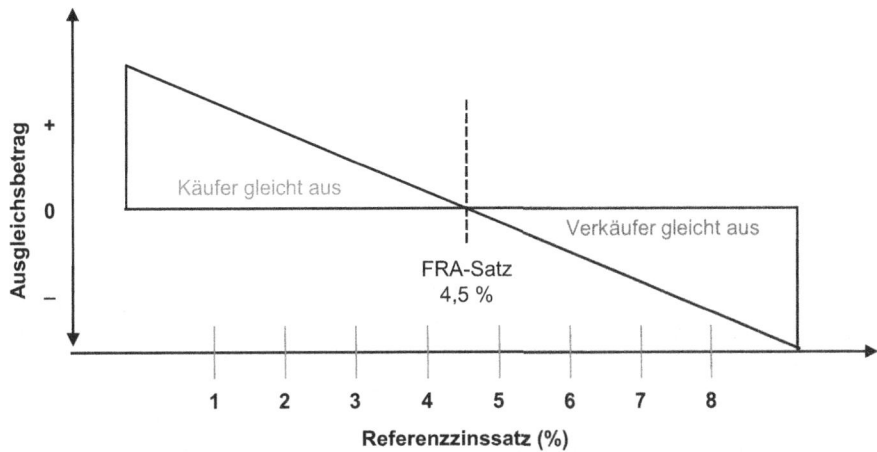

Abb. 6.2 Ausgleichszahlung aus einem Forward Rate Agreement (Quelle: eigene Darstellung)

Zinsvergleich ausgezahlt, das heißt genau zum Beginn der FRA-Laufzeit. Die Geschäftsbeziehung besteht so lange, bis die bestehenden Forderungen in Form von Ausgleichszahlungen beglichen werden.

Da der Zinsbetrag bereits am Anfang der Zinssicherungsperiode ausbezahlt wird, der Kredit- oder Anlagezins jedoch typischerweise erst am Laufzeitende (dem Endtag) fließt, wird der Zinsbetrag aus dem Forward Rate Agreement abdiskontiert. Die Höhe des Zinssatzes, mit dem diskontiert wird, entspricht dem am Referenztag gültigen Referenzzins. Die Formel für die Ausgleichszahlung lautet wie folgt:

$$\text{Ausgleichszahlung} = \frac{(i_R - i_{FR}) \cdot \frac{\text{Tage}_{FR}}{B}}{1 + (i_R \cdot \frac{\text{Tage}_{FR}}{B})} \cdot N$$

Dabei gilt:
i_R = Referenzzinssatz
i_{FR} = FRA-Zinssatz
N = Nominalbetrag
Tage_{FR} = Zinssicherungsperiode
B = Jahrestage (360)

Für FRA ist es im Euroraum üblich bei der Berechnung der Anzahl der Tage die Eurozinsmethode act/360 zu nehmen. Das heißt, dass die Anzahl der Tage in der Laufzeit tagesgenau berechnet wird (zum Beispiel hat der Januar 31 Tage, der Februar 28 Tage). Die Anzahl der Tage im Jahr ist allerdings immer auf 360 festgesetzt.

> **Beispiel**
> Am 1. Oktober schließt ein Unternehmen ein 6 × 9-FRA (sprich 6 gegen 9) ab. Dabei steht 6 für die Anzahl der Monate der Vorlaufperiode und 9 für die gesamte Länge der FRA-Periode. Das Nominalvolumen des Kredits beträgt 5 Mio. €, der FRA-Zinssatz 2,60 %. Das Unternehmen will am 1. April des nächsten Jahres einen Kredit mit einer Laufzeit von drei Monaten aufnehmen. Zwei Tage vor dem 1. April beträgt der Referenzzinssatz 2,87 %. Wie hoch ist die Ausgleichszahlung?
>
> Die Laufzeit des Kredits erstreckt sich auf die Monate April, Mai und Juni. Das bedeutet eine Laufzeit von 91 Tagen. Damit erhält der Käufer eine Ausgleichszahlung in Höhe von 3387,92 €.

$$\text{Ausgleichszahlung} = \frac{(0{,}0287 - 0{,}0260) \cdot \frac{91}{360}}{1 + (0{,}0287 \cdot \frac{91}{360})} \cdot 5.000.000 = \frac{3.412{,}5}{1{,}0072547} = 3.387{,}92\ \text{€}$$

FRA-Quotierung

Bei der Quotierung eines FRA werden zwei Zahlen zur Bestimmung der Zeiträume angegeben. So bedeutet beispielsweise die Angabe 3 × 9, dass drei Monate als Vorlaufperiode und neun Monate als Gesamtlaufzeit, also Vorlaufzeit plus Zinssicherungsperiode, vorgesehen sind. Die Absicherungsperiode ist die Differenz aus beiden Zahlen, in diesem Fall sechs Monate.

Des Weiteren werden am Markt meist sowohl die Brief- als auch die Geldseite quotiert. Lautet die Quotierung zum Beispiel 3 × 9-FRA, 2,45–2,50 %, so hat der FRA-Kontrakt drei Monate Vorlaufzeit und neun Monate Gesamtlaufzeit. Der Käufer sichert sich gegen steigende Zinsen für eine geplante Kreditaufnahme ab und sichert sich einen Zins von 2,50 %. Steigt der Referenzzinssatz über 2,50 %, so erhält der Käufer eine Ausgleichszahlung vom Verkäufer. Der Verkäufer sichert sich gegen fallende Zinsen bei einer geplanten Geldanlage ab und fixiert den Zinssatz auf 2,45 %. Fällt das Zinsniveau, so ist der Käufer des FRA verpflichtet, die Differenz an den Verkäufer auszuzahlen.

Einsatz eines FRA-Geschäfts

Ein Forward Rate Agreement kann zu folgenden Zwecken genutzt werden:

- Fixierung des Zinssatzes und somit eine Absicherung gegen ein Zinsänderungsrisiko (Hedging)
- Spekulation auf Kursgewinne über die Hebelwirkung eines FRA durch die Einschätzung über die zukünftige Entwicklung des Zinses (Trading)
- Gewinnmöglichkeiten durch Kursunterschiede verschiedener FRA-Geschäfte von verschiedenen Anbietern (Arbitrage)

6.1 Forward Rate Agreements

6.1.2 Glattstellung eines FRA-Vertrags

Ein FRA-Geschäft kann jederzeit durch ein Gegengeschäft neutralisiert werden. Das heißt, ein Verkauf kann durch einen Kauf und ein Kauf durch einen Verkauf kompensiert werden, jeweils zu den Marktzinssätzen. Im Detail bedeutet das für den Käufer eines Forward Rate Agreements, dass dieser während der Vorlaufzeit dieses Forward Rate Agreements den Vertrag durch den Verkauf eines identischen Vertrags neutralisieren kann. Die Verträge müssen in den folgenden Punkten deckungsgleich sein: Laufzeit, Starttag, Nominalbetrag und Referenzzins. Auf die gleiche Weise kann der Verkäufer eines Forward Rate Agreements seinen Vertrag durch den Kauf eines identischen Forward Rate Agreements kompensieren.

> **Beispiel**
> Ein Kreditinstitut verkauft ein 6 × 9-FRA an seinen Firmenkunden, welcher sich für den in sechs Monaten benötigten Kredit über 1 Mio. € gegen steigende Zinsen absichern möchte. Das Kreditinstitut trägt das Marktpreisrisiko aus dem FRA-Vertrag und kann dieses nun durch ein identisches FRA-Geschäft glattstellen. Dazu kauft das Kreditinstitut am selben Tag einen 6 × 9-FRA-Vertrag, beispielsweise von einem anderen Kreditinstitut. Dadurch wird das Zinsrisiko eliminiert.

Fragen zur Lernkontrolle
1. Welche der folgenden Konditionen werden bei Abschluss eines Forward Rate Agreements festgelegt?
   - ☐ Nominalbetrag
   - ☐ Referenzzinssatz
   - ☐ Höhe der Ausgleichszahlung
   - ☐ FRA-Zinssatz
2. Beschreiben Sie kurz, wie Forward-Rate-Agreement-Geschäfte neutralisiert werden können.

_____

_____

_____

3. Wie hoch ist die Ausgleichszahlung, die der Käufer eines Forward Rate Agreements erhält, wenn der Nominalbetrag 1 Mio. € beträgt, der FRA-Zinssatz bei 2,00 % und der Referenzzinssatz bei 2,20 % liegen und die Zinssicherungsperiode auf sechs Monate (180 Tage) festgelegt ist?
   - ☐ 933,66 €
   - ☐ 989,12 €
   - ☐ 1.001,00 €
   - ☐ 1.003,48 €

6.2 Futures

Wie Forwards gehören auch **Futures** zu den unbedingten Termingeschäften. Der Unterschied besteht jedoch darin, dass Future-Geschäfte im Regelfall über die Terminbörse abgewickelt werden. Die Vertragsbedingungen für den Future-Handel sind durch die jeweilige Börse festgelegt. Die größte Börse für den Future-Handel in Europa ist die European Exchange, kurz Eurex. Weitere wichtige Börsen für Futures sind die Euronext Liffe (London International Financial Futures and Options Exchange), das Chicago Board of Trade (CBOT), die Chicago Mercantile Exchange (CME) oder die New York Mercantile Exchange (NYMEX).

Grundsätzlich sind Futures vertragliche Vereinbarungen über den Kauf bzw. Verkauf (Lieferung) einer standardisierten Menge eines Basiswertes zu einem vorher bestimmten Preis und zu jetzt festgelegten Zeitpunkt, der in der Zukunft liegt (Liefertermin). Wie bei Forward Rate Agreements sind die Vertragsparteien dazu verpflichtet, den Vertrag zu erfüllen. Die Kurse der Futures werden regelmäßig veröffentlicht. Wird beispielsweise am 1. Januar der Euro-Wechselkurs für 1. Juli mit 1,30 US$ je Euro angegeben, heißt es, dass zu diesem Kurs am 1. Januar US-Dollar mit Lieferung am 1. Juli gekauft und verkauft werden können. Der Kurs der Futures wird an der Terminbörse durch Angebot und Nachfrage bestimmt. Bei einer höheren Nachfrage nach dem Euro steigt der Kurs und umgekehrt. Übersteigt das Angebot die Nachfrage, sinkt der Kurs. Der Käufer eines Future-Kontrakts nimmt die Long-Position ein, der Verkäufer hat die Short-Position. Der Preis, den beide Vertragsparteien vereinbaren, nennt sich Future-Kurs. Die Future-Kontrakte sind grundsätzlich standardisiert, das heißt, bestimmte Konditionen sind genau definiert und können nicht individuell zwischen Käufer und Verkäufer verhandelt werden. Dazu zählen zum Beispiel Menge, Qualität und Erfüllungsart. Die Standardisierung der einzelnen Vertragsbestandteile sichert die Handelbarkeit dieser Finanzinstrumente an der Terminbörse.

▶ **Futures** sind vertragliche Vereinbarungen über den Kauf bzw. Verkauf (Lieferung) einer standardisierten Menge eines Basiswertes zu einem vorher bestimmten Preis und zu einem künftigen, festgelegten Zeitpunkt (Liefertermin).

Ausgehend von ihrem Basiswert, dem Underlying, können Futures in Warenterminkontrakte (commodity futures) und Finanzterminkontrakte (financial futures) unterteilt werden (vgl. Abb. 6.3). Warenterminkontrakte umfassen Waren und Güter aus dem Bereich der Agrarindustrie oder Rohstoffe. Dazu zählen beispielsweise Gold, Erdöl, Getreide und Zucker. Finanzterminkontrakte lauten dagegen auf Finanzprodukte. Als Finanzprodukte dienen dabei beispielsweise Aktien, Indizes oder Devisen. Die Finanzterminkontrakte lassen sich in Futures mit konkreter Basis (Währungsterminkontrakte und Zinsterminkontrakte) sowie in Futures mit abstrakter Basis (Terminkontrakte auf

6.2 Futures

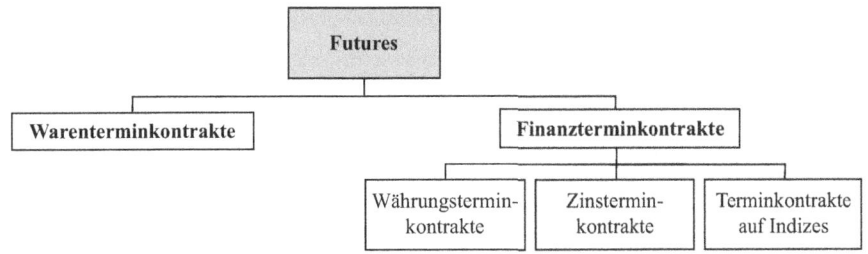

Abb. 6.3 Unterteilung der Futures (Quelle: eigene Darstellung)

Indizes, zum Beispiel Aktienindizes) unterscheiden. Währungsterminkontrakte umfassen eine Vereinbarung über die Lieferung oder den Kauf einer standardisierten Menge einer bestimmten Währung zu einem vorher festgelegten Kurs und an einem standardisierten Fälligkeitstag. Mit Zinsterminkontrakten werden Zinsänderungsrisiken abgesichert. Der Unterschied zum Forward Rate Agreement liegt in der Tatsache, dass Laufzeit, Fälligkeit und Kontraktwert des Zins-Futures vorgegeben sind. Bei einem Forward Rate Agreement ist im Prinzip alles frei verhandelbar. Ein weiterer Unterschied findet sich in der Art der Quotierung. Forward Rate Agreements werden auf Zinsbasis, Zins-Futures auf Kursbasis notiert.

In der Praxis kommt es bei Future-Kontrakten üblicherweise zu keiner physischen Lieferung. Die Mehrzahl der Händler schließt den Future-Kontrakt vorzeitig, also vor dem Liefertermin. Das Schließen einer Position erfolgt über ein Gegengeschäft bzw. eine Glattstellung. Wie beim Forward Rate Agreement kann auch beim Future-Kontrakt die Long-Position mit der Short-Position ausgeglichen werden. Das heißt, dass ein Anleger, der ein Future gekauft hat, durch den Verkauf eines Futures mit identischer Laufzeit, Fälligkeit und Kontraktwert das Risiko aus dem gekauften Future vollständig ausgleichen kann. Dieser Vorgang heißt Glattstellung. Die Kursdifferenz zwischen Kauf und Verkauf bei Glattstellung ergibt einen Spekulationsgewinn oder -verlust. Der Spekulant profitiert also von der Kursänderung innerhalb der Kontraktzeit. Neben der Glattstellung des Future-Kontrakts ist es auch üblich die Positionen über Barausgleiche (cash settlement) zu schließen. Dabei erfolgt am Ende der Laufzeit des Kontrakts eine Einmalzahlung, welche dem aktuellen Wert des Futures entspricht.

Im Gegensatz zu Forwards werden bei Future-Kontrakten Sicherheiten, sogenannte Margins, hinterlegt. Dies geschieht über das Verrechnungskonto oder Margin-Konto, welches mit einer Mindestsumme (initial margin) ausgestattet wird. Diese Einschusszahlung dient der Sicherung der Liquidität und beträgt in der Regel 5–15 % des Future-Kontraktwerts. Das Konto kann mit Geld oder aber mit Staatsanleihen oder Aktien besichert werden. Die Wertänderungen der Future-Positionen werden börsentäglich überwacht und als Gewinne oder Verluste mit dem Margin-Konto verrechnet (Mark-to-Market-Verfahren). Die Margin-Konten

Tab. 6.1 Euro-Bund-Futures (Eurex) (Stand: 31.08.2017) (Quelle: Eurex Frankfurt 2017b)

Liefermonat	Eröffnung	Tageshoch	Tagestief	Schlusspreis	Abrechnungspreis	Gehandelte Kontrakte	Open Interest
Sep 17	165,26	165,53	164,92	165,19	165,140	676.228	1.789.907
Dez 17	162,40	162,42	162,05	162,27	162,270	143.357	413.831
Mär 18	161,78	161,88	161,78	161,88	161,880	3	33
Gesamt						**819.588**	**2.203.771**

werden von der Clearing-Stelle (clearing house) überwacht. Bei einer Clearing-Stelle handelt es sich um ein an die Terminbörse angeschlossenes Kreditinstitut. Die Clearing-Stelle fungiert als eine Schnittstelle zwischen Käufer und Verkäufer eines Future-Kontrakts und garantiert die Erfüllung der Verträge. Das Margin-Konto bei der Clearing-Stelle läuft nicht direkt über die Privatanleger, sondern über deren Bank oder Makler. Diese sind entweder selbst ein Clearing-Mitglied einer Terminbörse oder aber sie lassen das Konto über ein Clearing-Mitglied führen.

Tab. 6.1 zeigt beispielhaft die wesentlichen Merkmale eines Euro-Bund-Futures anhand eines Kurszettels an der Eurex. Euro-Bund-Futures sind Terminkontrakte auf eine fiktive Schuldverschreibung der Bundesrepublik Deutschland. Diese Schuldverschreibungen haben einen Kupon von 6 %. Die Laufzeit beträgt achteinhalb- bis zehneinhalb Jahre und der Kontrakt hat einen Nominalwert von 100.000 €.

Die erste Spalte der Tabelle zeigt den Liefermonat des Future-Kontrakts. An der Eurex liegt die durchschnittliche Laufzeit der Kontrakte bei drei Monaten. Jeweils am Ende des Quartals, genauer gesagt am dritten Freitag im März, Juni, September und Dezember, verfallen die Kontrakte. Für die Euro-Bond-Futures sind die Kontraktmonate die jeweils nächsten drei Quartalsmonate des Zyklus März, Juni, September und Dezember. Die maximale Restlaufzeit der Euro-Bund-Futures beträgt demnach neun Monate. Neben dem Eröffnungspreis und dem Schlusspreis an dem bestimmten Handelstag werden die Angaben um das Tageshoch und das Tagestief ergänzt. Der Abrechnungspreis ist der Durchschnitt aller Preise der fünf letzten Geschäfte, basierend auf deren Volumen, wobei diese zustande gekommenen Geschäfte nicht älter als fünfzehn Minuten sein dürfen. Die Preise werden in % von Hundert angegeben. Bei einem Preis von 142,10 % kostet ein Bund-Future also 142.100 €. Der Preis ist deswegen weit über 100.000 €, da der Nominalzins 6 % beträgt, der derzeitige Kapitalmarktzins jedoch wesentlich niedriger ist. Die Differenz wird durch den Kursverlust ausgeglichen, da die Schuldverschreibung am fiktiven Laufzeitende zum Nominalwert 100.000 € ausbezahlt wird.

6.2 Futures

Die gehandelten Kontrakte umfassen die gesamte Anzahl der an dem Handelstag gehandelten Future-Kontrakte. „Open Interest" oder offenes Interesse umfasst alle an dem Handelstag offenen (ausstehenden) Positionen in dem Future-Kontrakt. Nimmt ein Käufer die Long-Position in einem Kontrakt ein (Kauf eines Future-Kontrakts), und nimmt ein Verkäufer die Short-Position im gleichen Kontrakt ein (Verkauf des Kontraktes), wird eine neue offene Position erzeugt. Dabei steigt der Betrag des offenen Interesses um eins. Wird dagegen eine Position geöffnet, während eine andere gleichzeitig glattgestellt wird, bleibt der Wert des offenen Interesses unverändert. Wird ein Future-Kontrakt durch ein Gegengeschäft glattgestellt, ohne dass eine neue Position geöffnet wird, sinkt der Wert um eins. In Tab. 6.1 ist der Wert des offenen Interesses für das nächstliegende Datum, hier September 2017, am höchsten. Generell konzentrieren sich in der Praxis die Handelsaktivitäten auf die Kontrakte mit den kürzesten Laufzeiten.

Der Aufbau des Kurszettels bei der Chicago Mercantile Exchange (CME) ist ähnlich. Tab. 6.2 zeigt die Merkmale der Gold-Future-Kontrakte, welche über die CME gehandelt werden. Auch hier werden die Liefermonate (Month), der Eröffnungs- und letzter Handelspreis (Open und Last), das Tageshoch und Tagestief (High und Low), der von der Börse festgelegte Abrechnungspreis (Prior Settle) sowie die Anzahl der gehandelten Kontrakte (Volume) angegeben. Eine weitere Angabe ist als Veränderung, hier als Change, bezeichnet. Diese Angabe bezieht sich auf die Veränderung des Kurses im Vergleich zum Vortag.

Wie bereits erwähnt, hat jede Terminbörse eigene Standardisierungen bezüglich der Future-Kontrakte. Die folgende Normierung eines Kontrakts gilt beispielsweise für DAX-Futures, welche an der Eurex gehandelt werden (vgl. Tab. 6.3).

Tab. 6.2 Gold-Futures (CME) (Stand: 31.08.2017) (Quelle: CME Group 2017)

Month	Last	Change	Prior Settle	Open	High	Low	Volume	Updated
SEP 2017	1307.0	−1.1	1308.1	1306.6	1307.0	1301.7	81	04:08:01 CT 31 Aug 2017
OCT 2017	1307.0	−3.4	1310.4	1310.4	1310.4	1298.6	1,991	04:53:51 CT 31 Aug 2017
NOV 2017	−	−	1312.3	−	−	−	0	03:23:59 CT 31 Aug 2017
DEC 2017	1310.7	−3.4	1314.1	1314.1	1314.5	1302.3	96,047	04:54:05 CT 31 Aug 2017
FEB 2018	1315.0	−2.8	1317.8	1317.3	1317.5	1306.9	170	04:30:37 CT 31 Aug 2017
APR 2018	1318.9	−2.5	1321.4	1319.6	1319.6	1315.0	12	03:39:05 CT 31 Aug 2017

Tab. 6.3 DAX-Futures (Eurex) (Stand: 31.08.2017) (Quelle: Eurex Frankfurt 2017a)

Basiswerte		
Kontrakt	Produkt-ID	Basiswert
DAX®-Futures	FDAX®	DAX®, der Blue-Chip-Index der Deutsche Börse AG
DivDAX®-Futures	FDIV	DivDAX®, der Dividendenindex der Deutsche Börse AG
MDAX®-Futures	F2MX	MDAX®, der internationale Mid-Cap-Index der Deutsche Börse AG
TecDAX®-Futures	FTDX	TecDAX®, der internationale Technologie-Index der Deutsche Börse AG

Erfüllung

Die Erfüllung erfolgt durch Barausgleich, fällig am ersten Börsentag nach dem Schlussabrechnungstag.

Kontraktwerte und Preisabstufungen

Die einzelnen Kontrakte sind nur in bestimmten Nominalwerten handelbar. Die Kontraktpreise können sich nur in bestimmten, vorgegebenen Schritte verändern (Tab. 6.4).

Laufzeit

Die Standardlaufzeit beträgt bis zu 9 Monaten: Die drei nächsten Quartalsmonate aus dem Zyklus März, Juni, September und Dezember.

Letzter Handelstag und Schlussabrechnungstag

Letzter Handelstag ist der Schlussabrechnungstag. Schlussabrechnungstag ist der dritte Freitag des jeweiligen Fälligkeitsmonats, sofern dieser ein Börsentag ist, andernfalls der davorliegende Börsentag.

Täglicher Abrechnungspreis

Bei der Festlegung der täglichen Abrechnungspreise wird der volumengewichtete Durchschnitt der Preise aller Geschäfte in der Minute vor 17:30 Uhr MEZ in dem jeweiligen

Tab. 6.4 Kontraktwerte und Preisabstufungen (Stand: 31.08.2017) (Quelle: Eurex Frankfurt 2017a)

Kontrakt	Kontraktwert	Minimale Preisveränderung	
		Punkte	Wert
DAX®-Futures	EUR 25	0,5	EUR 12,50
DivDAX®-Futures	EUR 200	0,05	EUR 10
MDAX®-Futures	EUR 5	1	EUR 5
TecDAX®-Futures	EUR 10	0,5	EUR 5

Kontrakt als täglicher Abrechnungspreis des aktuellen Fälligkeitsmonats herangezogen, falls in diesem Zeitraum mehr als fünf Geschäfte abgeschlossen wurden.

Schlussabrechnungspreis
Der Schlussabrechnungspreis wird von der Eurex am Schlussabrechnungstag eines Kontrakts festgelegt. Maßgebend ist der Wert des jeweiligen Index auf Grundlage der im Handelssystem Xetra® für die im jeweiligen Index enthaltenen Werte ermittelten Auktionspreise. Die untertägige Auktion beginnt um 13:00 Uhr MEZ (für MDAX®-Werte um 13:05 Uhr MEZ).

Bevor ein Future-Kontrakt an der Börse zugelassen und gehandelt werden kann, muss er die für jede Börse gültige Standardisierungsnorm genau erfüllen.

> **Beispiel**
> Die Fluglinie Airline AG möchte sich gegen steigende Benzinpreise absichern. Das Unternehmen kauft insgesamt zehn Future-Kontrakte auf Benzin an der NYMEX im Umfang von insgesamt 40.000 Gallonen. Der aktuelle Preis beträgt 0,90 US$ pro Gallone, der Future-Kurs für die Lieferung in einem Jahr beträgt 0,80 US$ pro Gallone. Ein Jahr später können folgende zwei Szenarien eintreten:
> **Szenario A:** Der Benzinpreis steigt auf insgesamt 1,20 US$ pro Gallone. Die Airline AG zahlt zwar einen höheren Preis auf dem Spot-Markt, macht jedoch einen Gewinn durch den Future-Kontrakt. Die Preisdifferenz zwischen dem Preis am Spot-Markt nach einem Jahr und dem Future-Kurs beträgt 1,20 US$ − 0,80 US$ = 0,40 US$. Bei einer Menge von 40.000 Gallonen macht die Airline AG einen Gewinn von 16.000 US$ (0,40 · 40.000) und erhält damit in gleicher Höhe einen Barausgleich.
> **Szenario B:** Der Benzinpreis fällt auf insgesamt 0,70 US$ pro Gallone. Die Airline AG kann den Benzin am Spot-Markt zwar günstiger einkaufen, macht jedoch durch den Future-Kontrakt einen Verlust von 4.000 US$ ((0,70 − 0,80) · 40.000). Damit muss die Airline AG 4.000 US$ als Barausgleich zahlen.

> **Beispiel**
> Ein Anleger erwartet, dass der DAX-Index in den nächsten Monaten steigt. Er erwirbt an der Eurex einen DAX-Future mit 10.700 Punkten. Der DAX-Future hat folgende Merkmale:
> Basiswert: DAX30
> Kontraktgröße: 25 € je DAX-Punkt
> Restlaufzeit: zwei Monate
> DAX-Punktestand: 10.700
> Der DAX steigt nun zum Laufzeitende auf 11.000 Punkte. Der Future lautet auf nur 10.700 Punkte. Die Differenz beträgt 300 Punkte. Bei 25,00 € je DAX-Punkt ergibt sich ein Gewinn in Höhe von 300 · 25,00 € = 7.500 €.

Fragen zur Lernkontrolle
1. Bitte beurteilen Sie, welche Aussagen richtig sind.
   - ☐ Futures unterscheiden sich von Forward Rate Agreements dadurch, dass sie an der Terminbörse und nicht außerbörslich gehandelt werden.
   - ☐ Future-Kontrakte können nicht vorzeitig geschlossen werden.
   - ☐ Der Kurs der Futures wird an der Terminbörse durch Angebot und Nachfrage bestimmt.
   - ☐ Finanzterminkontrakte mit konkreter Basis umschließen Währungsterminkontrakte und Terminkontrakte auf Indizes.
2. Worin besteht bei einem Future-Geschäft die Aufgabe der Clearing-Stelle (clearing house)?

   _____
   _____
   _____

3. Der Anleger Herr Müller erwartet, dass der DAX-Index in den nächsten Monaten steigen wird. Er erwirbt an der Eurex einen DAX-Future mit 10.100 Punkten. Der DAX steigt zum Ende der Laufzeit auf 10.150 Punkte. Bei einer Kontraktgröße von 25,00 € je DAX-Punkt, wie hoch ist der Gewinn von Herrn Müller?
   - ☐ 1.150 €
   - ☐ 1.250 €
   - ☐ 1.350 €
   - ☐ 1.450 €

6.3 Swaps

Bei **Swaps** handelt es sich um eine Vereinbarung zwischen zwei Parteien über den Austausch künftiger Zahlungsströme. Swap kommt aus dem Englischen und bedeutet „Tausch". Swap-Geschäfte laufen über den außerbörslichen Handel. Ein besonderes Merkmal von Swap-Geschäften ist, dass für beide beteiligte Parteien Vorteile entstehen. Die zwei gängigsten Arten der Swap-Geschäfte sind der Zins-Swap sowie der Währungs-Swap.

▶ **Swaps** umfassen die Vereinbarung zwischen zwei Parteien über die gegenseitige Lieferung künftiger Zahlungsströme.

6.3.1 Zins-Swap

Beim **Zins-Swap** werden künftige Zinszahlungen zwischen zwei Parteien getauscht. Der Nominalbetrag dieser Zinszahlungen kann dabei konstant, aber auch variabel sein. Die übliche Form eines Zins-Swaps ist der Kupon-Swap, auch Festzins-Swap oder

6.3 Swaps

Plain-Vanilla-Swap genannt. Hierbei zahlt eine Vertragspartei einen fixen Zinssatz, die andere dagegen einen variablen Zinssatz, und zwar auf einen festen Nominalbetrag und über einen bestimmten Zeitraum. Die Bezugsgröße für den variablen Zinssatz bilden Referenzzinssätze (EURIBOR, LIBOR) mit entsprechender Laufzeit. Bei Kupon-Swaps findet kein Transfer des Nominalbetrags statt, der Austausch beschränkt sich ausschließlich auf die Zinszahlungen.

▶ **Merke! Zins-Swaps** umfassen den Tausch künftiger Zinszahlungen zwischen zwei Parteien.

Abb. 6.4 zeigt den typischen Ablauf eines Zins-Swaps. Das Unternehmen A nimmt bei seiner Hausbank einen variabel verzinsten Kredit auf, während das Unternehmen B einen Kredit mit fixen Zinsen aufnimmt. Vereinbaren beide Unternehmen einen Zins-Swap untereinander, so zahlt das Unternehmen A einen festen Zinssatz an das Unternehmen B, während das Unternehmen B variable Zinsen an das Unternehmen A zahlt. Damit hat Unternehmen A den ursprünglich variablen Kredit in ein Kredit mit festen Zinsen getauscht. Für Unternehmen B gilt das Gegenteil, der Festzinskredit ist nun einer mit variabler Verzinsung.

Ein Zins-Swap dient beiden Vertragsparteien auf unterschiedliche Weise. Ein Vertragspartner mit einer variabel verzinsten Kreditaufnahme geht das Risiko einer Steigung des Zinsniveaus beim nächsten Zinsanpassungstermin ein. Durch die Vereinbarung über die Zahlung eines festen Zinssatzes sichert er sich gegen mögliche Zinssteigerungen ab. Auch bei einer Kreditaufnahme mit einer konstanten Verzinsung kann ein Zins-Swap Vorteile sichern. Durch einen Festzinssatz kann der Kreditnehmer normalerweise nicht an fallenden Zinsen teilnehmen. Durch die Vereinbarung über einen variablen Zinssatz über ein Swap-Geschäft kann er jedoch an künftigen Zinssenkungen partizipieren.

Das gleiche gilt für Anleger. Ein Anleger mit variablen Zinseinkünften kann sich gegen fallende Zinssätze absichern. Durch einen Zins-Swap kann er das Zinsniveau fixieren und sich so gegen künftige Zinsänderungen schützen. Ein Anleger mit Festzinseinkünften kann dagegen mit einem Zins-Swap an steigenden Zinssätzen partizipieren.

Die Quotierung des Zins-Swaps am Markt erfolgt in Prozent per annum. Die Prozentangabe besteht aus dem Geld- und dem Briefprozentsatz. Die Quotierung erfolgt durch

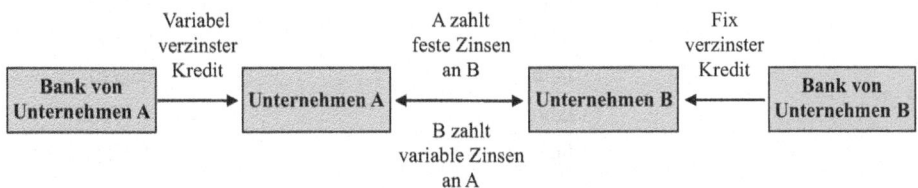

Abb. 6.4 Ablauf eines Zins-Swaps (Quelle: eigene Darstellung)

die sogenannten Market Maker. Dabei handelt es sich meist um Banken oder Broker, die auf eigenes Risiko handeln. Ein Beispiel für eine Quotierung wäre: 5 Jahre: 2,65–2,75 %. Das heißt für eine Laufzeit von insgesamt fünf Jahren zahlt der Market Maker, der die Geld-Position einnimmt, einen festen Zinssatz in Höhe von 2,65 % gegen beispielsweise einen variablen 6-Monats-EURIBOR. Umgekehrt ist er bereit gegen einen Festzins von 2,75 % den 6-Monats-EURIBOR zu zahlen (Briefseite).

Tab. 6.5 zeigt die Euro-Zins-Swap-Sätze mit unterschiedlichen Laufzeiten von zwei bis 30 Jahren. Beispielsweise gilt bei einer siebenjährigen Laufzeit ein Satz von 0,424 % Das bedeutet, dass die Bank bereit ist, für die Laufzeit von sieben Jahren den 6-Monats-LIBOR mit dem festen Zinssatz von 0,424 % zu tauschen.

Die entsprechenden Zinszahlungen erfolgen bei einem Zins-Swap nachschüssig. Der variable Zinssatz wird für die erste Zinsperiode zu dem Fixing-Tag festgelegt, welcher zwei Tage vor Beginn des Swap-Geschäftes liegt. Fallen bei Fälligkeit die konstante und die variable Zinszahlung auf ein Datum, erfolgen die Zinszahlungen üblicherweise nicht getrennt, sondern es wird lediglich die Differenz ausgeglichen (payment netting).

Wie wir es bereits bei Forward Rate Agreements und Futures gelernt haben, können auch Swap-Geschäfte vor Fälligkeit beendet werden. Um die bestehende Swap-Position auszugleichen, wird ein neues Swap-Geschäft zu aktuellen Marktkonditionen, aber mit umgekehrten Zahlungsströmen eingegangen. Die Laufzeit, der Referenzzinssatz und die Termine der Zinsanpassungen müssen mit dem alten Swap-Geschäft deckungsgleich sein. Bestehende Swaps können durch ein Gegengeschäft, einen Barausgleich oder eine Übertragung auf andere Unternehmen (assignment) neutralisiert werden. Gegengeschäfte und Barausgleich haben wir bereits bei Forwards und Futures kennengelernt. Eine Übertragung (Assignment) beinhaltet eine Übertragung des Swaps auf einen anderen Marktteilnehmer, beispielsweise ein anderes Unternehmen.

Tab. 6.5 EUR-Zinsswap-Satz (Stand: August 2017) (Quelle: Der Standard 2017)

Laufzeit	Zinsswap-Satz
2 Jahre	−0,1910
3 Jahre	−0,0900
4 Jahre	0,0270
5 Jahre	0,1560
6 Jahre	0,2890
7 Jahre	0,4240
10 Jahre	0,7900
11 Jahre	0,8920
15 Jahre	1,1900
20 Jahre	1,3690
25 Jahre	1,4380
30 Jahre	1,4670

> **Beispiel**
>
> Das Unternehmen Hook AG hat Kapital am Geldmarkt angelegt. Die Geldanlage erzielt variable Zinseinkünfte in Höhe des 6-Monats-EURIBOR. Die Hook AG erwartet eine künftige Senkung des Zinsniveaus, was mit einer geringeren Rendite als bei einer Festverzinsung einhergeht. Das Unternehmen möchte sich gegen dieses Zinsänderungsrisiko absichern. Die Hook AG schließt ein Swap-Geschäft mit den folgenden Konditionen ab:
>
> Anlagebetrag: 1 Mio. €
> Laufzeit: 2 Jahre
> Referenzzinssatz: 6-Monats-EURIBOR
> 2-Jahres-Swap-Satz: 2,50 % p. a.
>
> Die Hook AG zahlt nun den 6-Monats-EURIBOR dem Swap-Partner und erhält im Gegenzug einen festen Zinssatz in Höhe von 2,50 %. Somit kann sich das Unternehmen einen Festzins sichern, ohne die bestehende Geldanlage aufzulösen.

6.3.2 Zins-Swap-Arten

Basis-Swap

Im Gegensatz zum Kupon-Swap werden bei einem **Basis-Swap** variable Zinssätze in unterschiedlicher Höhe zwischen den Vertragspartnern getauscht, beispielsweise ein 3-Monats-EURIBOR gegen einen 6-Monats-EURIBOR.

Asset Swap

Bei einem **Asset Swap** kann entweder eine Anlage mit festem Zinssatz in eine Anlage mit variablem Zinssatz (Festzinszahler-Swap) umgewandelt werden. Oder eine Anlage mit variablem Zinssatz kann durch einen Swap in eine Festzinsanlage umgewandelt werden.

Liability Swap

Bei einem **Liability Swap** handelt es sich um einen Swap, bei welchem Zahlungspflichten aus Krediten ausgetauscht werden. Wie beim Asset Swap werden auch hierbei ein Kredit mit festem Zinssatz in einen mit variablem Zinssatz und umgekehrt getauscht.

Step-up Swap

Ein **Step-up Swap** ist dadurch gekennzeichnet, dass der sich Nominalbetrag über die Laufzeit erhöht. In der Praxis wird diese Art des Swaps bei erwartetem steigenden Finanzierungsbedarf eingesetzt.

Step-down Swap

Bei diesem Swap fallen die Nominalbeträge über die gesamte Laufzeit. Der **Step-down Swap** wird vor allem bei Kreditfinanzierungen mit laufender Tilgung verwendet. Das bedeutet, dem Swap-Geschäft wird der sich immer weiter reduzierende Kreditbetrag zugrunde gelegt.

Währungs-Swap

Bei einem **Währungs-Swap,** auch Zins-Währungs-Swap, werden Kapitalbeträge mit den dazugehörigen Zinszahlungen in unterschiedlichen Währungen ausgetauscht. Ein Währungs-Swap ähnelt einem Zins-Swap. Der Hauptunterschied besteht jedoch in der Tatsache, dass bei einem Währungs-Swap der Nominalbetrag am Anfang ausgetauscht werden kann, am Ende des Vertrags jedoch erfolgen muss. Mit einem Währungs-Swap können sowohl Zins- als auch Währungsrisiken abgesichert werden. Bei den Kombinationen der Zinszahlungen sind alle Kombinationen denkbar: fix-fix, fix-variabel und variabel-variabel.

▶ **Merke!** Bei einem **Währungs-Swap** werden Kapitalbeträge mit den dazugehörigen Zinszahlungen in unterschiedlichen Währungen ausgetauscht.

Mit einem Währungs-Swap kann erstens das Ziel verfolgt werden, die Bonitäts- und somit Zinsvorteile des Kreditnehmers auf dem Kapitalmarkt in einer Währung auf die andere Währung zu übertragen. Ein US-Unternehmen will beispielsweise einen Euro-Kredit aufnehmen, ist aber in Europa wenig bekannt. Also nimmt es einen US-Dollar-Kredit bei einer heimischen Bank mit niedrigem Zinssatz auf, sucht ein europäisches Unternehmen als Swap-Partner, das einen zinsgünstigen Euro-Kredit aufnimmt und tauscht dann Nominalbeträge und Zinszahlungen aus. Zweitens kann das Ziel sein, Investitionen in einer Fremdwährung zu tätigen, sich dabei gegen das Währungsrisiko abzusichern und die Zinszahlungen in der eigenen Währung zu erhalten.

Wie bei den Zins-Swaps können auch Währungs-Swaps durch Gegengeschäft, Barausgleich oder Übertragung (assignment) vorzeitig aufgelöst werden. Da bei einem Währungs-Swap allerdings auch die Kapitalbeträge ausgetauscht werden, muss der aktuelle Wechselkurs berücksichtigt werden.

Beispiel

Das US-Unternehmen Zack Ltd. hat ein Festzins-Darlehen mit einem Zinssatz von 4 %, einer Laufzeit von fünf Jahren und in Höhe von 10 Mio. US$ zur Verfügung. Zack Ltd. möchte jedoch in seine Tochtergesellschaft in Deutschland investieren und benötigt dafür ein Darlehen in Euro. Der feste Zinssatz für ein Fünf-Jahres-Darlehen, welcher das Unternehmen in Deutschland bezahlen müsste, wäre 9 %. Die Zack Ltd. erwartet, dass der US-Dollar bis zur Rückzahlung des Darlehens steigen wird. Aus diesem Grund verzichtet das Unternehmen darauf, sein Darlehen über 10 Mio. US$ in Euro umzutauschen, da sonst die Gefahr besteht, dass es bei erneutem Tausch in US-Dollar zum Zeitpunkt der Rückzahlung das Risiko eines abgewerteten Euros eingeht. Um das Risiko zu umgehen und um die Zinskosten zu senken, vereinbart die Zack Ltd. einen Währungs-Swap mit dem deutschen Unternehmen Uhrenwerk GmbH. Die Uhrenwerk GmbH hat die Möglichkeit, günstige Kredite in Euro mit

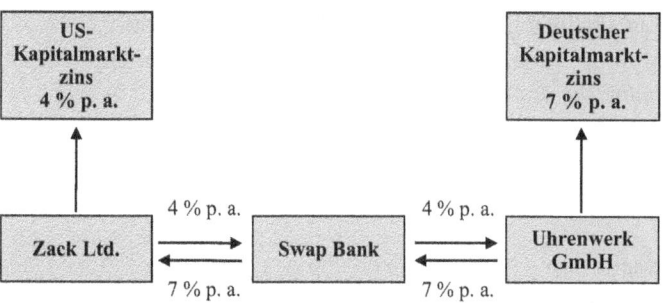

Abb. 6.5 Ablauf eines Währungs-Swaps (Quelle: eigene Darstellung)

einem Zinssatz von 7 % aufzunehmen und benötigt einen Betrag in US-Dollar. Der Währungs-Swap läuft nun folgendermaßen ab:

Austausch des Nominalbetrags

Die Zack Ltd. übergibt der Uhrenwerk GmbH 13 Mio. US$ zum aktuellen Währungskurs von 1,30 US Dollar je € und zu einem Zinssatz von 4 %, von dem deutschen Unternehmen erhält Zack Ltd. 10 Mio. € zum Zinssatz von 7 %.

Zinstausch

An den Zinsfälligkeitsterminen bezahlt die Zack Ltd. den Euro-Zinssatz in Höhe von 7 % p. a., also 700.000 € (7 % auf 10 Mio. €). Das bedeutet, das Unternehmen bezahlt den Zins für die Währung, welche es während der Laufzeit des Swaps hat. Somit bezahlt die Uhrenwerk GmbH den festen US-Dollar-Zinssatz von 4 %, was 520.000 US$ (4 % auf 13 Mio. US$) ergibt.

Endtausch des Nominalbetrags

Die im ersten Schritt getauschten Nominalbeträge werden nun wieder zurückgetauscht. Die Uhrenwerk GmbH zahlt 13 Mio. US$ an die Zack Ltd., das amerikanische Unternehmen bezahlt 10 Mio. € an die Uhrenwerk GmbH. Hierbei erhält die Zack Ltd. den US-Dollar zu dem vorher festgelegten Kurs von 1,30 US$ je € zurück, denn bei Währungs-Swap-Geschäften gilt der Währungskurs, der bei Abschluss vorherrschte. Somit hat das Unternehmen den US-Dollar sozusagen auf Termin gekauft und den Kurs fixiert.

Abb. 6.5 veranschaulicht diesen Ablauf.

Fragen zur Lernkontrolle

1. Definieren Sie einen Währungs-Swap.

2. Geben Sie an, ob die folgende Aussage richtig oder falsch ist.
   „Beim Zins-Swap werden künftige Zinszahlungen zwischen zwei Parteien getauscht. Der Nominalbetrag des Kredits ist dabei immer konstant."
   ☐ Richtig
   ☐ Falsch
3. Welcher der folgenden Swap-Arten hat über die gesamte Laufzeit fallende Nominalbeträge?
   ☐ Asset Swap
   ☐ Step-down Swap
   ☐ Zins-Swap
   ☐ Step-up Swap

6.4 Optionen

Optionen gehören im Gegensatz zu Forward Rate Agreements, Futures und Swaps zu den bedingten Termingeschäften. Das bedeutet, für den Käufer einer Option besteht das Recht, jedoch keine Verpflichtung, zur Ausführung des Geschäfts zu den vereinbarten Konditionen.

Grundsätzlich hat der Käufer einer Option das Recht, gegen die Zahlung einer Prämie (Optionsprämie) eine festgelegte Menge des Bezugswerts (Aktien, Währungen, Indizes) zu einem vorher bestimmten Preis (Basispreis, Ausübungspreis, Strike) zu kaufen (Kaufoption, Call) oder zu verkaufen (Verkaufsoption, Put). Der Kauf oder Verkauf erfolgt entweder während der Laufzeit der Option oder aber zur Fälligkeit (Verfallsdatum). Der Verkäufer einer Option (Stillhalter) hat die Pflicht, eine festgelegte Menge des Bezugswerts zu dem vorher bestimmten Ausübungspreis bereitzustellen (Kaufoption) oder abzunehmen (Verkaufsoption). Bezüglich des Zeitpunkts der Ausübung kann zwischen einer europäischen und einer amerikanischen Option unterschieden werden. Eine europäische Option kann nur am Fälligkeitsdatum ausgeübt werden, während eine amerikanische Option während ihrer gesamten Laufzeit und zum Fälligkeitsdatum ausgeübt werden kann. Optionen werden sowohl über die Börse als auch außerbörslich gehandelt.

▶ **Optionen** geben dem Käufer das Recht, gegen die Zahlung einer Prämie eine festgelegte Menge des Bezugswerts zu einem vorher festgelegten Ausübungspreis während der Laufzeit der Option oder aber zur Fälligkeit zu kaufen (Call) oder zu verkaufen (Put).

Wie bei anderen Termingeschäften findet auch bei Optionen in der Praxis normalerweise keine Lieferung des Basiswerts statt. Im Regelfall wird das Geschäft über einen Barausgleich abgeschlossen. Die Entscheidung, ob bei Ausübung der Option eine physische Lieferung oder Barausgleich stattfindet, wird im Vertrag festgelegt.

Die verschiedenen oben beschriebenen Optionsarten sind in Tab. 6.6 zusammengefasst.

6.4 Optionen

Tab. 6.6 Grundpositionen bei Optionen (Quelle: eigene Darstellung)

	Käufer	**Verkäufer**
kaufoption (Call)	Recht zu kaufen (Long-Call-Position)	Pflicht zu verkaufen (Short-Call-Position)
Verkaufsoption (Put)	Recht zu verkaufen (Long-Put-Position)	Pflicht zu kaufen (Short-Put-Position)

Die in Tab. 6.6 beschriebenen vier möglichen Grundpositionen werden auch häufig mit englischen Fachbegriffen bezeichnet:

- Kauf einer Kaufoption (Inhaber eines Calls) bedeutet Long-Call-Position
- Kauf einer Verkaufsoption (Inhaber eines Puts) heißt Long-Put-Position
- Verkauf einer Kaufoption (Stillhalter eines Calls) steht für Short-Call-Position
- Verkauf einer Verkaufsoption (Stillhalter eines Puts) meint Short-Put-Position

Tab. 6.7 zeigt Kaufoptionen (Calls) von Starbucks Corporation.

Tab. 6.7 Auswahl Kaufoptionen Starbucks Corporation (Stand 22.06.2018) (Quelle: Yahoo Finanzen 2018a)

Vertragsname	Letztes Handelsdatum	Strike	Letzter Preis	Geldkurs	Briefkurs	Volumen	Open Interest
SBUX200117C00030000	2018-06-22 1:50PM EDT	30	21,70	20,75	24,00	17	99
SBUX200117C00035000	2018-06-22 3:59PM EDT	35	17,24	16,75	17,75	102	4.378
SBUX200117C00040000	2018-06-22 3:59PM EDT	40	13,25	12,85	13,55	353	1.229
SBUX200117C00045000	2018-06-22 2:37PM EDT	45	9,71	9,45	10,65	49	433
SBUX200117C00050000	2018-06-22 3:58PM EDT	50	6,62	6,50	6,80	376	988
SBUX200117C00052500	2018-06-22 3:32PM EDT	52,5	5,45	5,30	5,55	74	731
SBUX200117C00055000	2018-06-22 3:47PM EDT	55	4,40	4,25	4,50	80	1.368

Anmerkung: Währung in US$

Tab. 6.8 Detailinformation Kaufoption Starbucks Corporation (Stand 22.06.2018) (Quelle: Yahoo Finanzen 2018b)

SBUX Jan 2020 30,000 Call (SBUX200117C00030000) 21,70 +0,70 (+3,33 %)			
Kurs Vortag	21,00	**Verfallsdatum**	2020-01-17
Eröffnungskurs	22,00	**Tagesspanne**	21,40-22,20
Geldkurs	20,75	**Vertragsbereich**	N/A
Briefkurs	24,00	**Volumen**	17
Strike	30,00	**Open Interest**	99

In Tab. 6.8 sind die Detailinformationen für eine der gelisteten Kaufoptionen abgebildet.

Die dritte Spalte in der Kaufoptionen-Übersicht (Tab. 6.7) zeigt jeweils den vereinbarten Ausübungspreis der Kaufoption (Strike). Bei der in Tab. 6.8 dargestellten Kaufoption liegt dieser bei 30,00 US$. Der Vertragsname gilt für jede einzelne Option als individuelle Kennzeichnung. Der Geldkurs gibt an, zu welchem Preis die Investoren bereit sind, die Optionsscheine zu erwerben, der Briefkurs bedeutet, zu welchem Preis ein Investor die Optionsscheine verkaufen will. Das heißt, der Nachfragepreis liegt bei 20,75 US$, während der Angebotspreis 24,00 US$ beträgt. Die letzte Transaktion erfolgte bei 21,70 US$. Da der Schlusskurs des Vortags bei 21,00 US$ lag, beträgt die Veränderung 0,70 US$. Das Volumen umfasst die gesamte Transaktionsanzahl dieser Kaufoption an einem Handelstag, in diesem Fall 17. Das bedeutet, dass dieser Kontrakt siebzehnmal an diesem Handelstag ver- oder gekauft wurde. Je höher diese Ziffer, desto liquider der Kontrakt. Es gibt 99 offene (ausstehenden) Positionen (Open Interest) in dem Kaufoptionskontrakt zum Zeitpunkt, an dem der Kurszettel erstellt wurde. Das offene Interesse wurde bereits bei Future-Kontrakten erläutert. Aus dieser Ziffer ist es nicht ersichtlich, ob die Kaufoption gekauft oder verkauft wurde. Dieser Wert sagt lediglich aus, dass an dem Handelstag 99 Positionen weder durch ein Gegengeschäft noch durch eine Ausübung der Kaufoption geschlossen wurden. Das offene Interesse steigt um 1, wenn ein Optionskontrakt gekauft oder verkauft wird und damit ein neuer Kontrakt geschaffen wird. Wird jedoch mit der Absicht gekauft oder verkauft, einen Vertrag zu schließen, sinkt das offene Interesse um 1.

Kaufoption (Call)

Bei einer Kaufoption nimmt der Käufer der Option die Long-Call-Position ein, der Verkäufer der Kaufoption hat die Short-Call-Position. Der Käufer der Kaufoption ist dazu berechtigt, den Basiswert zum Ausübungspreis vom Stillhalter, also dem Verkäufer der Kaufoption, zu beziehen. Abb. 6.6 stellt eine Kaufoption grafisch dar.

Die Ausübung der Kaufoption ist für den Käufer nur dann sinnvoll, wenn der Kurs des Basiswerts, zum Beispiel einer Aktie, zum Ausübungszeitpunkt über dem

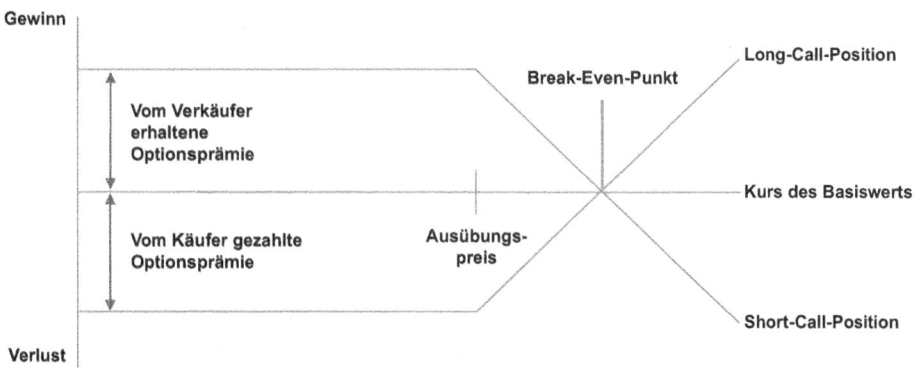

Abb. 6.6 Kaufoption (Call) (Quelle: eigene Darstellung)

Ausübungspreis liegt. In diesem Fall liegt die Option im Geld (in the money). Dies ist in Abb. 6.6 durch die linear steigende Gerade der Long-Call-Position zu sehen. Dem Schaubild kann ebenfalls entnommen werden, dass das Gewinnpotenzial für den Käufer nach oben hin unbegrenzt ist.

Die Preisdifferenz zwischen dem Basiswert und dem Ausübungspreis wird als der innere Wert der Option bezeichnet. Notiert der Basiswert unter dem Ausübungspreis, ist die Option aus dem Geld (out of money). In diesem Fall hat eine Option auch keinen inneren Wert. Eine Option kann auch am Geld (at the money) liegen, und zwar dann, wenn der Preis des Basiswertes dem Ausübungspreis entspricht.

Der Verkäufer der Option ist bei Ausübung der Option dazu verpflichtet, den Barausgleich zu bezahlen. Dafür erhält er eine Optionsprämie vom Käufer. Der Käufer einer Kaufoption macht nur dann Gewinn, wenn der Ausübungspreis unter dem Preis des Basiswerts liegt und zwar in der Höhe, dass diese Differenz die vom Käufer bezahlte Optionsprämie mindestens deckt. Das heißt, der Break-Even-Punkt definiert sich als Ausübungspreis plus Optionsprämie. In dem Schaubild befindet er sich am Schnittpunkt der Long-Call-Position und der Achse, auf der der Kurs des Basiswerts abgetragen ist. Der Verlust ist für den Käufer auf die Höhe der Optionsprämie beschränkt.

Der Gewinn des Verkäufers hingegen ist auf die Höhe der Optionsprämie beschränkt. Diese bekommt er in jedem Fall ausbezahlt. Der Verlust des Verkäufers hängt vom Preis des Basiswerts ab. Das Potenzial für den Verlust ist daher unbegrenzt. Im Schaubild ist dies an der linear absteigenden Geraden der Short-Call-Position erkennbar. Je höher der Kurs steigt, desto höher fällt sein Verlust aus, da der Verkäufer bei der Ausübung der Option den Basiswert zu einem niedrigeren Preis als der Marktpreis verkauft, die Aktie aber zum Marktpreis einkaufen muss.

> **Beispiel**
> Ein Anleger geht von einem starken Kursanstieg der Aktien der Firma Grill AG aus und kauft eine europäische Kaufoption mit den folgenden Merkmalen:
> Basiswert: Aktie (Grill AG)
> Basispreis: 30 €
> Optionsprämie: 10 €
> Verfallsdatum: nach einem Jahr
> Das maximale Verlustpotenzial beschränkt sich für den Anleger auf die 10 € für die Optionsprämie. Sein Gewinn dagegen hängt von der Kursentwicklung ab und ist demnach theoretisch unendlich. Bis die Aktie der Grill AG den Basiswert von 30 € zum Verfallsdatum erreicht, bleibt die Kaufoption für den Anleger wertlos. Ob die Aktie bei 10, 20 oder 29 € steht, hat für die Kaufoption keine Bedeutung. Der Anleger hat in dem Fall immer die Möglichkeit die Aktie zu einem niedrigeren Kurs als 30 € an der Börse zu kaufen. Erst wenn der Kurs der Aktie zum Verfallsdatum 30 € übersteigt, hat die Kaufoption einen positiven Wert. Liegt der Aktienkurs beispielsweise bei 45 €, so hat die Kaufoption einen inneren Wert von 15 € (Aktienkurs – Basispreis). Der Anleger hat die Möglichkeit, die Aktie über die Option zu einem Preis von 30 € zu kaufen und dann sofort an der Börse zum Preis von 45 € zu verkaufen. Einen Gewinn erhält der Anleger allerdings nur, wenn der Aktienkurs nicht nur den Basispreis von 30 € übersteigt, sondern zusätzlich die Optionsprämie in Höhe von 10 € deckt. Das heißt, erst wenn der Break-Even-Punkt von 40 € erreicht ist, wird der weitere Kursanstieg der Aktie einen Gewinn für den Anleger abwerfen. Der maximale Gewinn für den Verkäufer dieser Kaufoption beträgt 10 € aus der Optionsprämie, der Verlust ist dagegen unbegrenzt.

Abb. 6.7 stellt dieses Beispiel noch einmal grafisch dar. Es ist erkennbar, dass erst ab einem Aktienkurs vom 40 € der Käufer der Kaufoption die Gewinnzone betritt. Sein Verlust beschränkt sich im Falle eines Kursabstiegs des Basiswerts allerdings nur auf die Optionsprämie.

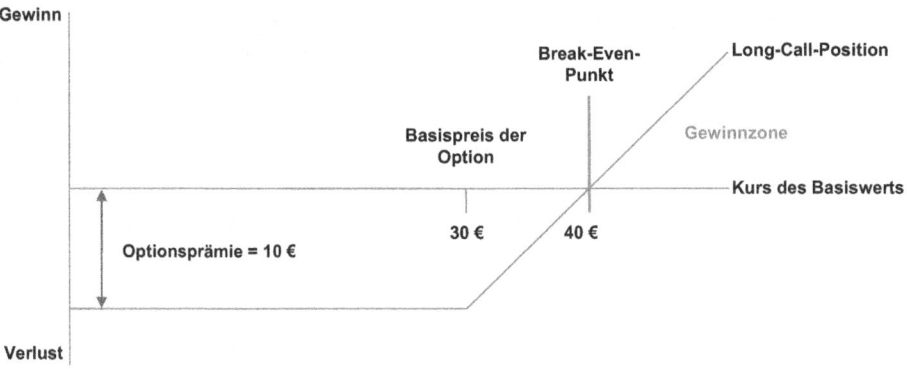

Abb. 6.7 Kaufoption (Call) mit einem Basispreis von 30 € (Quelle: eigene Darstellung)

6.4 Optionen

Verkaufsoption (Put)

Eine Verkaufsoption berechtigt den Käufer der Option dazu, den Basiswert zum Ausübungszeitpunkt oder während einer Frist zu verkaufen. Der Käufer nimmt hierbei die Long-Put-Position ein. Der Verkäufer der Verkaufsoption hat dagegen die Short-Put-Position, wie Abb. 6.8 zeigt.

Wie Abb. 6.8 zu entnehmen ist, wird der Käufer die Verkaufsoption immer dann ausüben, wenn der Preis des Basiswerts zum Ausübungszeitpunkt unter dem Ausübungspreis liegt. Der Käufer kann also den Basiswert zu einem niedrigeren Preis am Markt kaufen, diesen jedoch zu einem höheren Preis verkaufen (aufgrund der Option). Der Gewinn des Käufers einer Verkaufsoption ist im Gegensatz zu Kaufoption nicht unbegrenzt. Es ist die Differenz zwischen dem Preis des Basiswerts und dem Ausübungspreis abzüglich der Optionsprämie. Der Gewinn ist dann maximal, wenn der Preis des Basiswerts gleich null wäre. Wenn der Preis des Basiswerts über dem Ausübungspreis liegt, so ist die Option wertlos. Ein Verkauf würde dann besser direkt am Aktienmarkt erfolgen statt über die Option. In diesem Fall beschränkt sich der Verlust des Käufers auf die gezahlte Optionsprämie. Der höchste Gewinn, den der Verkäufer einer Verkaufsoption erzielen kann, ist die Optionsprämie. Der maximale Verlust des Käufers ist der höchstmögliche Gewinn des Verkäufers. Das kann man auch im Schaubild daran erkennen, dass die Kurven der Long-Put-Position bzw. der Short-Put-Position die vertikale Achse im Endlichen schneiden.

Eine Verkaufsoption kann optimal zur Absicherung eines Aktiendepots genutzt werden. Egal, wie stark der Aktienkurs sinkt, der Verlust ist bei richtiger Wahl des Basispreises auf die Optionsprämie beschränkt.

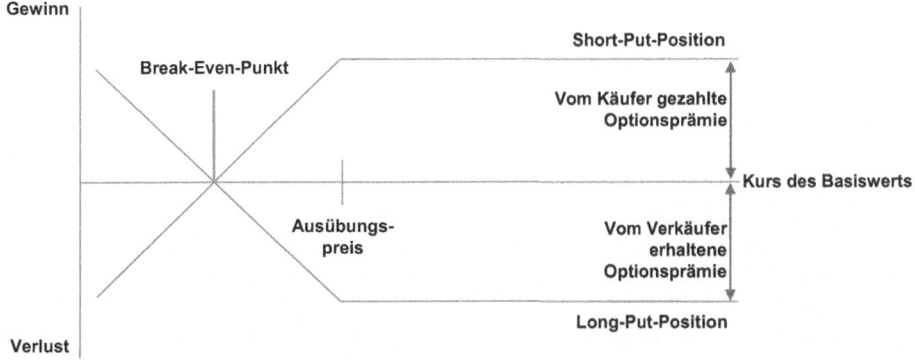

Abb. 6.8 Verkaufsoption (Put) (Quelle: eigene Darstellung)

> **Beispiel**
> Ein Anleger hält 100 Aktien des Unternehmens Falk AG. Der aktuelle Kurs der Aktie liegt bei 140 €. In Erwartung fallender Aktienkurse dieses Unternehmens erwirbt der Anleger eine amerikanische Verkaufsoption mit der folgenden Ausstattung:
>
> Basispreis: 130 €
> Optionsprämie: 10 €
> Laufzeit: 1 Jahr
>
> Der Anleger hat also das Recht, während der gesamten Laufzeit von einem Jahr, diese Verkaufsoption auszuüben. Wird der Aktienkurs über den Basispreis von 130 € hinausgehen, so wird der Anleger die Option verfallen lassen. Sie wäre in dem Fall wertlos, da an der Börse bessere Preise erzielt werden können. Wenn der Aktienkurs dagegen auf beispielsweise 110 € fällt, kann der Anleger mit der Verkaufsoption die 100 Aktien zu je 130 € verkaufen. Er könnte die Aktie an der Börse zu 110 € kaufen und über die Verkaufsoption zu 130 € verkaufen. Die Differenz beträgt 20 €. Abzüglich der gezahlten Optionsprämie in Höhe von 10 € erwirtschaftet der Anleger mit der Option einen Gewinn von 10 € je Aktie.

Abb. 6.9 demonstriert noch einmal zusammenfassend, welche Grundpositionen existieren und welche Erwartungen mit der jeweiligen Position verbunden sind.

Optionskombinationen

Mit den Optionen lassen sich unterschiedliche Strategien verfolgen. Im Folgenden werden zwei geläufige Handelsstrategien erläutert: Protective Put und Bond-Call-Strategie. Aus beidem kann man die Put-Call-Parität ableiten. Anschließend werden noch weitere gebräuchliche Handelsstrategien vorgestellt.

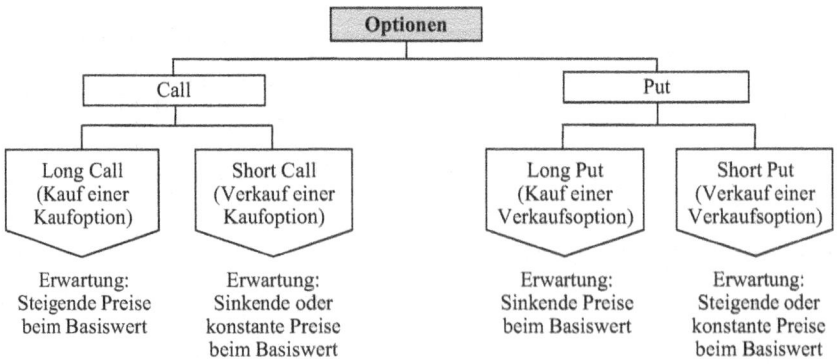

Abb. 6.9 Grundpositionen bei Optionen (Quelle: eigene Darstellung)

Protective Put

Hinter einem Protective Put verbirgt sich die Strategie der Wertsicherung gegen Kursverluste. Dazu wird eine Verkaufsoption mit dem Basiswert, welcher der Option zugrunde liegt, kombiniert. Der Anleger kauft die Aktie. Gewinn und Verlust aus dieser Kapitalanlage sind in Abb. 6.10 als linear ansteigende Gerade dargestellt.

Falls der Aktienkurs unter den Kaufkurs sinkt, entsteht ein Verlust (negativer Ast der Geraden). Bei einem Aktienkurs, der höher als der Kaufkurs ist, entsteht ein Gewinn. Zusätzlich zu der Aktie wird eine Verkaufsoption gekauft. Der Anleger nimmt also die Long-Put-Position ein (vgl. Abb. 6.11).

Ist der Aktienkurs niedrig genug, macht der Anleger einen Gewinn, er kann die Aktie günstig auf dem Kapitalmarkt kaufen und mit Gewinn durch die Ausübung der Verkaufsoption verkaufen. Diese Kombination aus Aktie und Verkaufsoption sichert den Anleger

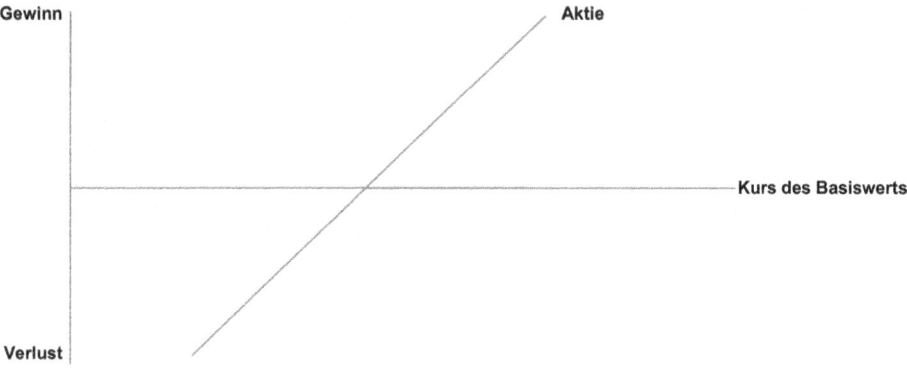

Abb. 6.10 Kauf der Aktie (Quelle: eigene Darstellung)

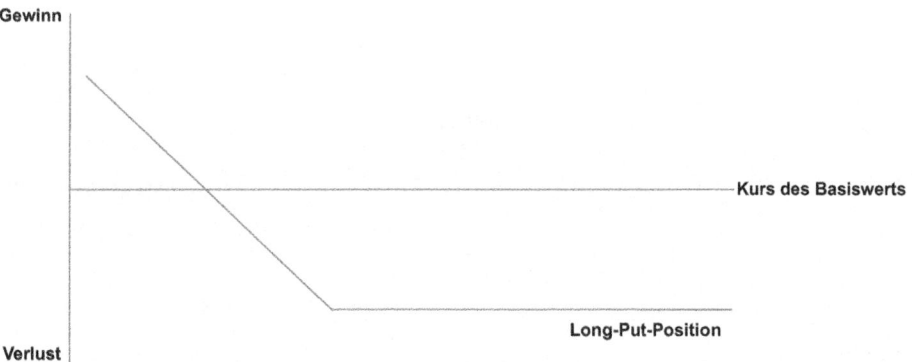

Abb. 6.11 Long-Put-Position (Quelle: eigene Darstellung)

gegen das Kursverfallsrisiko ab. Das zeigt Abb. 6.12, wo die Aktiengerade und die Verkaufsoptionsfunktion zu einem Protective Put horizontal addiert werden. Die grafische Darstellung gleicht der des Long Calls.

Steigt der Kurs der Aktie, so ist die reine Aktienposition dem Protective Put überlegen, da der Protective Put mit Kosten verbunden ist. Geht der Kurs der Aktie jedoch zurück, so ist erkennbar, dass der Verlust des Protective Puts begrenzt ist, unabhängig davon, wie weit der Kurs der Aktie fällt. Ein Kursverfall des Basiswerts wird durch den Gewinn aus der Verkaufsoption kompensiert. Falls der Aktienkurs über den Break-Even-Punkt steigt, so wird mit dem Protective Put ein Gewinn erzielt.

> **Beispiel**
>
> Ein Anleger hält 100 Aktien des Unternehmens Flock AG. Der aktuelle Aktienkurs notiert bei 20 €. Der Anleger erfährt aus der Zeitung, dass das Unternehmen demnächst seine Unternehmenszahlen veröffentlichen wird. Die Analysten schätzen, dass die Zahlen zu einem Kursverfall der Aktien führen werden. Der Anleger möchte sich absichern, indem er 100 europäische Verkaufsoptionen auf diese Aktien erwirbt. Der Ausübungspreis beträgt 16 €, die Optionsprämie liegt bei 0,50 €. Die Laufzeit der Verkaufsoption ist auf sechs Monate begrenzt. Der Gesamtwert der Investition beläuft sich auf $100 \cdot 0{,}50 = 50$ €.
>
> **Szenario A:** Es ergibt sich, dass die Analysten mit ihrer Beurteilung falsch lagen und der Kurs der Aktie nach der Veröffentlichung der Zahlen gestiegen ist. Der Aktienkurs notiert am Ende der Laufzeit der Verkaufsoption bei 22 €. Somit verfällt die Verkaufsoption, da sie wertlos ist. Verkauft der Anleger seine Aktien, so beläuft sich sein Gewinn auf $(22-20) \cdot 100 - 50 = 150$ €. Hätte er die Verkaufsoption nicht gekauft, würde sein Gewinn $(22-20) \cdot 100 = 200$ € betragen. Durch die Verkaufsoption wurde also der Gewinn des Anlegers um 50 € reduziert.

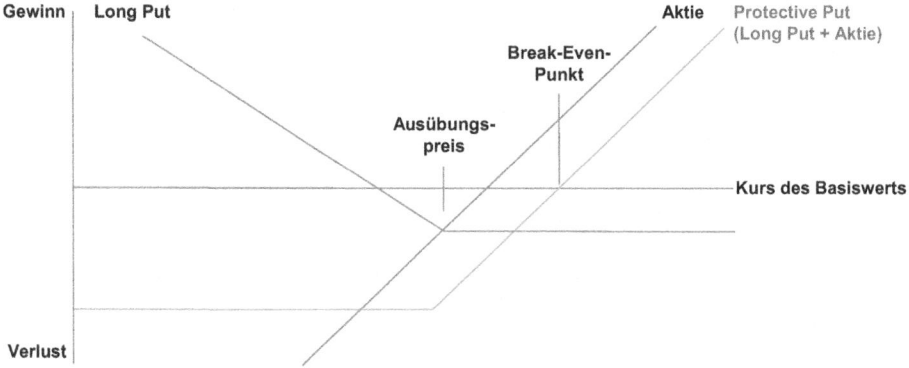

Abb. 6.12 Protective Put (Quelle: eigene Darstellung)

Szenario B: Die Analysten haben recht behalten und nach sechs Monaten fällt der Aktienkurs tatsächlich auf 12 €. Damit liegt die Verkaufsoption im Geld. Die Verkaufsoption kann mit Gewinn ausgeübt werden. Der Anleger kann die Aktie zu 12 € kaufen und mit der Option zu 16 € wieder verkaufen. Ihr innerer Wert beträgt somit 16 € − 12 € = 4 €. Da jedoch auch die Optionsprämie berücksichtigt werden muss, beläuft sich der gesamte Gewinn auf (4 € − 0,50 €) · 100 = 350 €.

Da auch der Kurs der Aktien, welche der Anleger hält, gefallen ist, macht er einen Verlust von (20 € − 12 €) · 100 = 800 €. Da der Anleger die Aktien mit der entsprechenden Verkaufsoption kombiniert hat, beschränkt sich der Verlust auf 450 €. Das heißt, in diesem Szenario lohnt sich das Einsetzten der Protective-Put-Strategie.

Szenario C: Der Aktienkurs notiert trotz der veröffentlichten Zahlen bei 20 €. Die Verkaufsoption liegt am Ende ihrer Laufzeit aus dem Geld und ist somit wertlos. Der Anleger lässt sie verfallen. Auch durch die Aktien kann kein Gewinn realisiert werden. Der Verlust des Anlegers beschränkt sich in diesem Szenario auf die gezahlte Prämie von 50 €.

Abb. 6.13 zeigt noch einmal den Protective Put dieses Beispiels. Der Break-Even-Punkt liegt bei 20,50 € (ursprünglicher Kurs des Basiswerts + Optionsprämie). Fällt der Kurs der Aktie unter den Ausübungspreis von 16 €, beläuft sich der maximale Verlust in jedem Fall auf 450 €, egal wie weit die Aktie unter den Ausübungspreis sinkt. Der potenzielle Gewinn ist theoretisch unbegrenzt. Bleibt der Kurs der Aktie unverändert bei 20 €, so beschränkt sich der Verlust auf die Höhe der Optionsprämie, in diesem Fall 50 €.

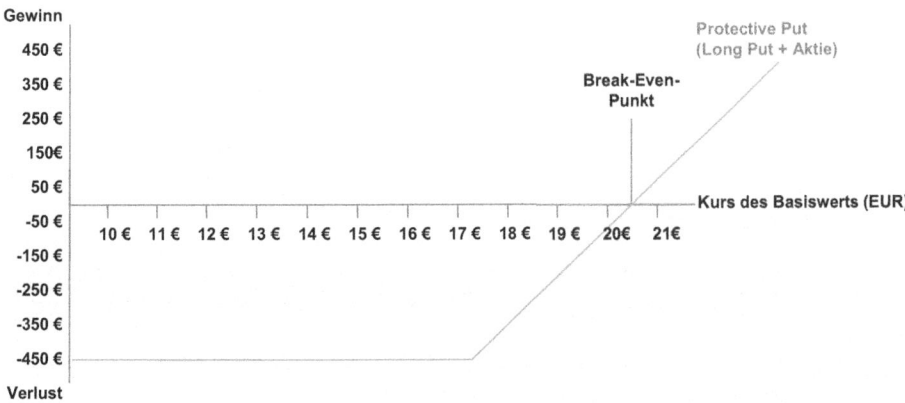

Abb. 6.13 Protective Put (Auszahlungsprofil zum Laufzeitende) (Quelle: eigene Darstellung)

Bond-Call-Strategie

Eine Bond-Call-Strategie erfolgt nach dem gleichen Prinzip wie ein Protective Put. Allerdings wird hier als Basiswert ein festverzinsliches Wertpapier (Nullkupon-Anleihe) mit dem Kauf einer Kaufoption (Long Call) kombiniert (vgl. Abb. 6.14).

Dabei muss der Nennwert der Nullkupon-Anleihe in der Höhe genau dem Ausübungspreis der Kaufoption entsprechen. Des Weiteren ist auch die Laufzeit der Anleihe mit der Laufzeit der Option deckungsgleich. Die Nullkupon-Anleihe sichert dem Anleger eine Mindestrendite, während die Kaufoption eine Teilnahme am Aktienmarkt ermöglicht. Durch die Kombination der risikolosen Nullkupon-Anleihe mit der Kaufoption ergibt sich das in Abb. 6.15 dargestellte Gewinn-Verlust-Diagramm der Bond-Call-Strategie.

Notiert der Basiswert am Laufzeitende unter dem Ausübungspreis oder ist dem gleich, so ist die Kaufoption wertlos und verfällt. In diesem Fall beschränkt sich der Ver-

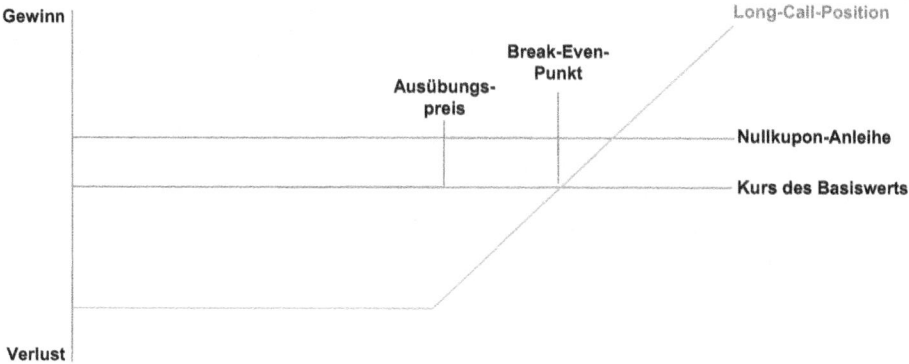

Abb. 6.14 Nullkupon-Anleihe und Long-Call-Position (Quelle: eigene Darstellung)

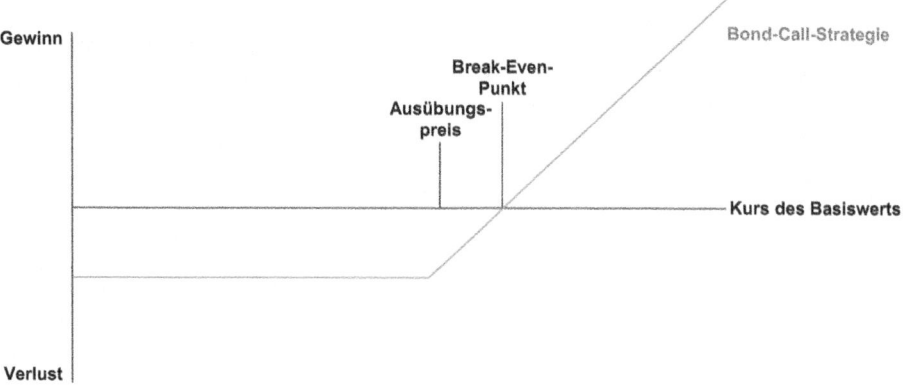

Abb. 6.15 Bond-Call-Strategie (Quelle: eigene Darstellung)

lust des Anlegers auf die Differenz zwischen der gezahlten Kaufoptionsprämie und der Verzinsung der Nullkupon-Anleihe. Das Gewinnpotenzial ist wie beim Protective Put unbegrenzt. Der Gewinn wird lediglich um die Differenz zwischen der Optionsprämie und der Verzinsung der Nullkupon-Anleihe reduziert.

Put-Call-Parität
Sowohl die Protective-Put-Strategie als auch die Bond-Call-Strategie weisen das gleiche Gewinnprofil auf. Das sieht man daran, dass das Schaubild des Protective Puts und der Bond-Call-Strategie trotz der unterschiedlichen Strategien identisch sind. Diese Übereinstimmung wird als Put-Call-Parität bezeichnet. Wenn der Protective Put und die Bond-Call-Strategie die gleiche Auszahlung in Abhängigkeit vom Aktienkurs erzeugen, so sollte der Anleger für beide Strategien bereit sein, den gleichen Betrag für diese identischen Absicherungsstrategien zu investieren. Das nennt man Parität. Diese sogenannte Put-Call-Parität gilt nur für europäische Optionen, da diese nur bei Fälligkeit ausgeübt werden dürfen und die Put-Call-Parität die wertmäßige Beziehung der beiden Optionen zum Ausübungszeitpunkt errechnet. Voraussetzung für eine Put-Call-Parität ist, dass beide Optionen den gleichen Ausübungspreis auf denselben Basiswert und das gleiche Verfallsdatum haben. Des Weiteren sollten folgende Faktoren gegeben sein:

- Die Optionsmärkte sind im Gleichgewicht.
- Die Aktie schüttet keine Dividende aus.
- Es gibt keine Transaktionskosten und -steuern.
- Die Marktteilnehmer agieren rational.

Die Put-Call-Parität beschreibt mehrere Kombinationsmöglichkeiten für Handelsstrategien mit Optionen. Zum einen kann ein Anleger eine Verkaufsoption mit dem dazu gehörigen Basiswert (Protective Put) oder aber eine Kaufoption mit einer Nullkupon-Anleihe (Bond-Call-Strategie) kombinieren. Die Nullkupon-Anleihe wird erst zum Laufzeitende ausbezahlt. Beim Kauf der Aktie, der Verkaufsoption und der Kaufoption fällt jedoch der Kaufpreis sofort an. Aus diesem Grund wird der Barwert der Nullkuponanleihe berücksichtigt, Aktie und Optionen gehen ohne Abdiskontierung in die Rechnung ein. Wie bereits erwähnt, müssen die Kombination aus Aktien und Verkaufsoption einerseits und Kaufoption und Barwert der Nullkuponanleihe (entspricht dem Barwert des Ausübungspreises) die gleiche Höhe aufweisen. Deshalb gilt:

Kurs des Basiswerts + Preis Verkaufsoption = Preis Kaufoption + Barwert Ausübungspreis
oder
Kurs des Basiswerts = Preis Kaufoption − Preis Verkaufsoption + Barwert Ausübungspreis
oder
Kurs des Basiswerts − Preis Kaufoption = − Preis Verkaufsoption + Barwert Ausübungspreis

Die zweite Formel besagt, dass der Kurs eines Basiswerts (zum Beispiel Aktie) gleich dem Kaufpreis einer Kaufoption, dem Verkaufspreis einer Verkaufsoption und dem Nominalwert einer Nullkupon-Anleihe in Höhe des Ausübungswerts ist. Diese drei Transaktionen werden daher auch als der Erwerb einer synthetischen Aktie bezeichnet.

Die Put-Call-Parität kann individuell umgestellt werden und ergibt somit unterschiedliche Strategien. Eine bei Investoren häufig eingesetzte Optionsstrategie ist die gedeckte Kaufoption (Covered Call), die durch die dritte Gleichung beschrieben wird. Hierbei wird der Kauf eines Basiswerts, meist Aktie, mit dem Verkauf einer Kaufoption kombiniert. Der Covered Call erzeugt die gleiche Absicherung gegen fallende Kurse wie der Protective Put.

Beispiel

Der Ausübungspreis einer Kauf- bzw. die entsprechende Verkaufsoption des Unternehmens Halt AG liegt bei 45 €. Die Option hat eine Laufzeit von einem Jahr, der aktuelle Kurs der Aktie (Basiswert der Option) beträgt 34 €. Am Ende der Laufzeit kann der Aktienkurs bei 48 € liegen oder aber auf 30 € fallen. Um die Put-Call-Parität zu überprüfen, bilden wir zwei Portfolios, die die folgenden Vorgänge beinhalten:

- Kauf der Aktie
- Kauf der Verkaufsoption
- Verkauf der Kaufoption

Szenario A: Der Aktienkurs steigt zum Ausübungszeitpunkt auf 48 €	
Kauf der Aktie	48 €
Kauf der Verkaufsoption	0 € (Kaufoption ist „aus dem Geld")
Verkauf der Kaufoption	−3 € (Kaufoption ist „im Geld", Zahlung von 3 € an den Käufer)

Im Szenario A entsteht ein Zahlungsstrom von 45 €.

Szenario B: Der Aktienkurs fällt zum Ausübungszeitpunkt auf 30 €	
Kauf der Aktie	30 €
Kauf der Verkaufsoption	15 € (Verkaufsoption ist „im Geld", Erhalt von 15 € vom Verkäufer)
Verkauf der Kaufoption	0 € (Option ist „aus dem Geld")

Im Szenario B entsteht ebenfalls ein Zahlungsstrom von 45 €.

Das bedeutet, der Anleger erhält in jedem Fall 45 € und trägt somit kein Risiko. Das Risiko wird durch die Tatsache eliminiert, dass der Kauf des Basiswerts zusammen mit dem Kauf einer Verkaufsoption und dem Verkauf einer Kaufoption sich

6.4 Optionen

gegenseitig neutralisieren. Das kann man auch gut an der umgestellten Gleichung der Put-Call-Parität erkennen, wobei auch klar wird, dass der Zahlungsstrom von 45 € dem Ausübungspreis entspricht.

Kurs des Basiswerts + Preis Verkaufsoption − Preis Kaufoption = Barwert Ausübungspreis

Beispiel

Der Preis einer 18-Monate-Google-Kaufoption mit einem Ausübungspreis von 430 US\$ beträgt 54,35 US\$. Die Rendite für eine risikolose Anlage beläuft sich auf 3 % p. a. mit einer jährlichen Verzinsung. Der Kurs der Google Aktie liegt bei 430 US\$. Wie hoch ist der Wert einer 18-Monate-Verkaufsoption mit einem Ausübungspreis von 430 US\$?

Preis Verkaufsoption = Preis Kaufoption + Barwert Ausübungspreis − Kurs des Basiswerts

$$\text{Preis Verkausoption} = 54{,}35 + \frac{430}{1{,}03^{1{,}5}} - 430 = 35{,}70 \text{ US\$}$$

Der Preis der Verkaufsoption beträgt 35,70 US\$.

Fragen zur Lernkontrolle

1. Die Aktie der Deutschen Telekom steht bei 14 € und verfügt am 30. Mai über eine europäische Kaufoption mit folgenden Merkmalen:
Ausübungspreis = 20 €
Optionsprämie = 3 €
Verfallstag = 30. Juni desselben Jahres
Ein Anleger kauft die Option am 30. Mai. Am 30. Juni desselben Jahres steigt der Aktienkurs auf 27 €. Wie hoch ist der Nettogewinn, den der Anleger erhält, wenn er die Option ausübt?
   - ☐ 3 €
   - ☐ 4 €
   - ☐ 5 €
   - ☐ 6 €

2. Welche Aussagen über Optionen treffen zu?
   - ☐ Eine Verkaufsoption berechtigt den Käufer der Option dazu, den Basiswert während der Laufzeit der Option oder zum Ausübungszeitpunkt zu verkaufen.
   - ☐ Wenn bei einer Verkaufsoption der Preis des Basiswerts unter dem Ausübungspreis liegt, so beschränkt sich der Verlust des Käufers auf die gezahlte Optionsprämie.
   - ☐ Der Verkäufer einer Kaufoption hat die Short-Call-Position.
   - ☐ Optionen gehören zu den bedingten Termingeschäften.

3. Erläutern Sie kurz die Strategie eines Protective Puts.

6.5 Lernkontrolle

Zusammenfassung

Finanzderivate haben eine große Bedeutung in der Finanzwelt. Generell handelt es sich bei Derivaten um Vereinbarungen, welche heute getroffen werden und festlegen, zu welchen Konditionen ein bestimmtes Produkt in der Zukunft erworben oder getauscht wird. Die vier Hauptarten der Finanzderivate sind: Forward Rate Agreements, Futures, Swaps und Optionen.

Ein Forward Rate Agreement (FRA) ist eine Vereinbarung zwischen zwei Parteien über einen fixen Zinssatz für künftige Geldanlagen oder Kreditbedarfe. Dieses Instrument dient der Absicherung von Zinsänderungsrisiken für eine bestimmte Zeitperiode in der Zukunft. Forward Rate Agreements werden außerbörslich (über den OTC-Markt) gehandelt.

Futures sind vertragliche Vereinbarungen über den Kauf bzw. Verkauf (Lieferung) einer standardisierten Menge eines Basiswertes zu einem vorher bestimmten Preis und zu einem künftigen festgelegten Zeitpunkt (Liefertermin). Ausgehend von ihrem Basiswert, dem Underlying, können Futures in Warenterminkontrakte (commodity futures) und Finanzterminkontrakte (financial futures) unterteilt werden. Eine der wichtigsten Börsen für Futures ist die Eurex.

Bei Swaps handelt es sich um eine Vereinbarung zwischen zwei Parteien über den Austausch künftiger Zahlungsströme. Sie werden außerbörslich (über den OTC-Markt) gehandelt. Die gängigsten Swap-Arten sind der Zins-Swap und der Währungs-Swap. Beim Zins-Swap werden künftige Zinszahlungen zwischen zwei Parteien getauscht. Bei einem Währungs-Swap, auch Zins-Währungs-Swap, werden Kapitalbeträge mit den dazugehörigen Zinszahlungen in unterschiedlichen Währungen ausgetauscht.

Optionen gehören im Gegensatz zu Forward Rate Agreements, Futures und Swaps zu den bedingten Termingeschäften. Der Käufer einer Option hat das Recht, jedoch keine Pflicht, gegen die Zahlung einer Prämie (Optionsprämie) eine festgelegte Menge des Bezugswerts (Aktien, Währungen, Indizes) zu einem vorher bestimmten Preis (Basispreis, Ausübungspreis) sowie während der Laufzeit der Option oder aber zur Fälligkeit (Verfallsdatum) zu kaufen (Kaufoption, Call) oder zu verkaufen (Verkaufsoption, Put).

6.5 Lernkontrolle

Finanzderivate können eingesetzt werden, um Finanzrisiken abzudecken, um zu spekulieren und um Arbitragegeschäfte zu betreiben. Sie stellen wichtige Finanzinstrumente zur Optimierung des Finanzmanagements dar.

Übungsaufgaben

1. Die Knopf AG benötigt in einem Jahr einen Kredit in Höhe von 350.000 €, um neue Maschinen zu finanzieren. Das Unternehmen beabsichtigt, den Kredit durch den Verkauf einer Beteiligung in zwei Jahren zurückzuzahlen. Die Kreditzinsen sind zu dem aktuellen Zeitpunkt sehr niedrig, sodass die Knopf AG diese absichern möchte.
   a) Mit welchem Finanzderivat kann das Unternehmen dieses Vorhaben durchführen?
   b) Erläutern Sie ausführlich den möglichen Ablauf dieses Geschäfts.
2. Das deutsche Unternehmen Hausbau GmbH hat ein Festzins-Darlehen mit einem Zinssatz von 5 %, einer Laufzeit von fünf Jahren in Höhe von 10 Mio. € zur Verfügung. Die Hausbau GmbH möchte jedoch in seine Tochtergesellschaft in Großbritannien investieren und benötigt dafür ein Darlehen in britischen Pfund (GBP). Der feste Zinssatz für ein Fünf-Jahres-Darlehen, welchen das Unternehmen in Großbritannien bezahlen müsste, wäre 9 %. Die Hausbau GmbH erwartet, dass der Euro bis zur Rückzahlung des Darlehens steigen wird. Aus diesem Grund verzichtet das Unternehmen darauf, sein Darlehen über 10 Mio. € in GBP umzutauschen, da sonst die Gefahr besteht, dass es bei erneutem Tausch in GBP zum Zeitpunkt der Rückzahlung das Risiko eines abgewerteten Pfunds eingeht. Um das Risiko zu umgehen und um die Zinskosten zu senken, vereinbart die Hausbau GmbH einen Währungs-Swap mit einem Unternehmen in London, der Richmond Inc. Die Richmond Inc. hat die Möglichkeit, günstige Kredite in GBP mit einem Zinssatz von 8 % aufzunehmen und benötigt einen Betrag in Euro.
Definieren Sie einen Währungs-Swap.
Erläutern Sie kurz den Ablauf des Währungs-Swaps zwischen der Hausbau GmbH und der Richmond Inc.
3. Gehen Sie auf https://www.finanzen.net/hebelprodukte und suchen Sie Kauf- und Verkaufs-Optionen der Volkswagen AG heraus. Geben Sie den Basispreis, die Fälligkeit sowie die Brief- und Geldkurse an.
4. Gehen Sie auf die Seite http://www.eurexchange.com/exchange-de/marktdaten/statistik/online-marktstatistiken/ der EUREX und suchen Sie unter den Rohstoffderivaten den Gold-Futures heraus. Listen Sie anhand der dort veröffentlichten Daten die folgenden Angaben für den Future-Handel mit Gold auf:
   – Kontraktgröße
   – Art der Erfüllung
   – Preisermittlung
   – Laufzeit
   – Täglicher Abrechnungspreis
   – Letzter Handelstag und Schlussabrechnungstag
   – Schlussabrechnungspreis

5. Im Rahmen dieses Kapitels haben Sie vier verschiedene Finanzderivate kennengelernt: Forward Rate Agreements, Futures, Swaps und Optionen. Finanzderivate werden in der Finanzwelt kontrovers diskutiert. Vor allem vor dem Hintergrund der Finanzkrise, in deren Verlauf sie stark in Kritik geraten sind, werden diese Finanzinstrumente kritisch betrachtet. Der berühmte US-Investor Warren Buffet nannte sie einst "finanzielle Massenvernichtungswaffen". Wo sehen Sie Chancen und wo die Risiken von Finanzderivaten?

Literatur

Bösch, M. (2014): *Derivate. Verstehen, anwenden und bewerten*, 3., überarbeitete Auflage, Vahlen, München.
CME Group (2017): *Gold-Futures Quotes*, URL: http://www.cmegroup.com/trading/metals/precious/gold.html (Stand: 31.08.2017).
Eurex Frankfurt (2017a): *FDAX® Futures (FDAX)*, URL: http://www.eurexchange.com/exchange-de/produkte/idx/dax/DAX--Futures/17210 (Stand: 31.08.2017).
Eurex Frankfurt (2017b): *Euro-Bund-Futures (FGBL)*, URL: http://www.eurexchange.com/exchange-de/produkte/int/fix/staatsanleihen/Euro-Bund-Futures/14774 (Stand: 31.08.2017).
Prätsch, J., Schikorra, U., Ludwig, E., (2012): *Finanzmanagement: Lehr- und Praxisbuch für Investition, Finanzierung und Finanzcontrolling*, 4., erweiterte und überarbeitete Auflage, Springer, Berlin.
Der Standard (2017): *Euro-Zinsswap-Satz*, URL: http://derstandard.at/kursinfo/zinsen.aspx (Stand: August 2017).
Yahoo Finanzen (2018a): *Starbucks Corporation (SBUX). Calls für 17. Januar 2020*, URL: https://de.finance.yahoo.com/quote/SBUX/options?p=SBUX&date=1579219200 (Stand 22.06.2018).
Yahoo Finanzen (2018b): *SBUX Jan 2020 30.000 Call*, URL: https://de.finance.yahoo.com/quote/SBUX200117C00030000?p=SBUX200117C00030000 (Stand 22.06.2018).
Zantow, R./Dinauer, J./Schäffler, C. (2016): *Finanzwirtschaft des Unternehmens: Die Grundlagen des modernen Finanzmanagements*, 4., aktualisierte Auflage, Pearson Studium, München.

Weiterführende Literatur zum Selbststudium

Bieg, H./Kussmaul, H./Waschbusch, G. (2016): *Finanzierung*, 3., vollständig überarbeitete Auflage, Vahlen, München, S. 295–342.
Hull, J. C. (2015): *Optionen, Futures und andere Derivate*, 9., aktualisierte Auflage, Pearson Studium, München.
Perridon, L./Steiner, M./Rathgeber, A. W. (2016): *Finanzwirtschaft der Unternehmung*, 17., überarbeitete und erweiterte Auflage, Vahlen, München, S. 346–409.

Stichwortverzeichnis

A
ABS-Transaktion, 97
Abschreibung, 13
Aktien, 29
    alte, 32
    junge, 32
    Split, 33
Aktienbewertung, 37
Aktiengesellschaft, 28
Analyse, technische, 40
Anleihe, 62
    ewige, 71
    festverzinsliche, 69
    niedrigverzinsliche, 70
    variabel verzinste, 70
Annuitätenanleihe, 71
Asset Backed Securities, 96
Asset Swap, 139
Auktionsverfahren, 35
Auslandsanleihe, 71
Außenfinanzierung, 11

B
Basic Board, 46
Basis-Swap, 139
Beteiligung, stille, 119
Bond-Call-Strategie, 152
Bookbuilding-Verfahren, 34
Börse, 44
Buy-out, 53

C
Call, 144
Collateralized Bond Obligations, 100
Collateralized Debt Obligations, 100
Collateralized Loan Obligations, 100

D
Darlehen
    nachrangiges, 118
    partiarisches, 118
Delkrederefunktion, 102
Dienstleistungsfunktion, 102
Durchschnitt, gleitender, 41

E
Early-Stage-Financing, 51
Effektivverzinsung, 65
Eigenkapital, 9
Eigenkapitalkostensatz, 39
Einlagenfinanzierung, 12
Emissionsvolumen, 63
Erstemission, 33
Ertragswertmethode, 56
Euro-Anleihe, 72
Expansion-Stage-Financing, 52
Export-Factoring, 103

F

Factoring, 100
    offenes, 103
Festpreisverfahren, 34
Finanzierung
    aus Abschreibungen, 84
    bilanzexterne, 111
    externe, 15
Finanzierungsfunktion, 102
Forward Rate Agreement, 124
Freiverkehr, 45
Fremdkapital, 7
Fundamentalanalyse, 38
Future, 130

G

General Standard, 45
Genussschein, 118
Gesamtkapitalrendite, 18
Gewinnrücklage, 29
Gewinnschuldverschreibung, 71
Gläubigerschutzklausel, 67
Grundkapital, 28

H

Hochzinsanleihe, 70
Hybridanleihe, 71

I

Immobilien-Leasing, 109
Import-Factoring, 103
Inhaberaktie, 30
Initial Public Offering, 52
Innenfinanzierung, 13, 80

K

Kapazitätserweiterungseffekt, 85
Kapital, gezeichnetes, 28
Kapitalerhöhung
    effektive, 36
    nominelle, 36
Kapitalfreisetzungseffekt, 85
Kapitalrücklage, 29
Kaufoption, 144
Kerzenchart, 40

Kreditaufnahme, Cashflow-orientierte, 110
Kündigungsklausel, 68
Kurs-Gewinn-Verhältnis, 37

L

Leasing, 105
    direktes, 108
    Finanzierungs-, 108
    indirektes, 108
    operatives, 107
Liability Swap, 139
Linienchart, 40
Liquidität, 5
Lohmann-Ruchti-Effekt, 85
Long-Position, 125

M

Management-Buy-out, 53
Markt, regulierter, 45
Mehrstimmrechtsaktie, 30
Mezzaninkapital, 56, 115
Mobilien-Leasing, 109
Momentum, 43
Mortgage Backed Securities, 99
Multiplikatorenmethode, 57

N

Namensaktie, 31
    vinkulierte, 31
Nennwertaktie, 31
Nullkupon-Anleihe, 70

O

Open Market, 45
Option, 142
Optionsanleihe, 116
Over-the-Counter-Handel, 46

P

Pass-through-Struktur, 99
Pay-through-Struktur, 99
Platzierung
    öffentliche, 76
    private, 75

Pooling, 96
Primärmarkt, 44
Prime Standard, 45
Projekt-Schuldendeckungsgrad, 113
Projektbewertung, 112
Projektfinanzierung, 110
    rückgriffbeschränkte, 114
    rückgrifflose, 113
Protective Covenant, 67
Protective Put, 149
Put, 147
Put-Call-Parität, 153

Q
Quotation Board, 46
Quotenaktie, 32

R
Random-Walk-Hypothese, 38
Rating, 73
Realzinsanleihe, 70
Rentabilität, 3
Reverse Order of Seniority, 99
Rückgriff, vollumfänglicher, 114
Rückstellung, 13, 88

S
Sale-and-Lease-Back-Verfahren, 90
Scale Standard, 46
Schuldendienstdeckungsgrad, 112
Sekundärmarkt, 44
Selbstfinanzierung, 81
    offene, 81
    stille, 83
Senior Debt, 56
Short-Position, 125
Special Purpose Vehicle, 96
Stakeholder-Value-Ansatz, 3

Stammaktie, 30
Step-down Swap, 139
Step-up Swap, 139
Stückaktie, 31
Substanzwertmethode, 57
Swap, 136

T
Tax Shield, 9
Teilamortisationsleasing, 107
Thesaurierungsquote, 18
Tilgungsfonds, 68
Trendkanal, 41
True-Sale-Transaktion, 97

U
Unternehmen, emissionsfähiges, 26

V
Venture-Capital, 51
Veräußerung von Anlagevermögen, 90
Verbindlichkeiten, vorrangige, 56
Verbriefung, synthetische, 97
Verkaufsoption, 147
Vollamortisationsleasing, 106
Vorratsaktie, 32
Vorzugsaktie, 30

W
Wachstumsrate, interne, 18
Währungs-Swap, 140
Wandelanleihe, 71, 117
Wandelschuldverschreibung, 117

Z
Zins-Swap, 136

The manufacturer's authorised representative in the EU is Springer Nature Customer Service Centre GmbH, Europaplatz 3, 69115 Heidelberg, Germany. If you have any concerns regarding our products, please contact ProductSafety@springernature.com

Printed and bound by CPI Group (UK) Ltd, Croydon, CR0 4YY

25/03/2026

02078190-0020